城市地下工程管幕法顶管
施工与微变形控制技术

陶连金　张宇　陈向红　边金　著

清华大学出版社

北　京

内 容 简 介

　　随着大规模的城市轨道交通建设的发展,管幕法在近接工程中的应用越来越广泛。本书将管幕法分为顶进阶段与承载阶段,并以北京市的三个管幕工程为依托,系统地阐述管幕法在顶进阶段顶推力的影响间距和"群管效应"、在承载阶段对周边既有结构和地表的微变形控制机理以及相应的控制技术,为管幕法在近接与超浅埋工程的设计提供一定的基础。

　　本书可供从事地铁设计、施工的科研、技术人员及相关专业的高等院校师生参考使用。

图书在版编目(CIP)数据

　　城市地下工程管幕法顶管施工与微变形控制技术/陶连金等著. —北京:清华大学出版社,2021.6
　　ISBN 978-7-302-55825-5

　　Ⅰ. ①城… Ⅱ. ①陶… Ⅲ. ①市政工程－地下工程－顶管工程－变形－研究 Ⅳ. ①TU94

　　中国版本图书馆 CIP 数据核字(2020)第 111869 号

责任编辑:秦　娜　赵从棉
封面设计:陈国熙
责任校对:赵丽敏
责任印制:杨　艳

出版发行:清华大学出版社
　　　　　网　　址:http://www.tup.com.cn, http://www.wqbook.com
　　　　　地　　址:北京清华大学学研大厦 A 座　　　邮　　编:100084
　　　　　社 总 机:010-62770175　　　　　　　　　邮　　购:010-62786544
　　　　　投稿与读者服务:010-62776969, c-service@tup.tsinghua.edu.cn
　　　　　质量反馈:010-62772015, zhiliang@tup.tsinghua.edu.cn
印 装 者:三河市东方印刷有限公司
经　　销:全国新华书店
开　　本:170mm×240mm　　印张:13　　插页:12　　字　　数:289 千字
版　　次:2021 年 6 月第 1 版　　　　　　　　　印　　次:2021 年 6 月第 1 次印刷
定　　价:99.80 元

产品编号:088744-01

编写人员名单

编写单位：北京工业大学　中铁隧道局集团有限公司

主要执笔人员：陶连金　张　宇　陈向红
　　　　　　　边　金　董立朋

参编人员（按拼音排序）：

安　韶　鲍　艳　曹保利　代希彤　冯锦华
郭　飞　高胜雷　韩学川　刘春晓　宋卓华
田　健　田治旺　王焕杰　王兆卿　杨陕南
于兆源　张　倍　赵　旭

前言

■ FOREWORD

随着城市规模的扩大和城市人口的增多,地面交通日益拥挤,城市轨道交通已成为解决城市交通拥挤的有效途径。大规模的城市轨道交通建设,必然导致新建地铁结构穿越既有地铁结构以及超浅埋等工程的大量出现。这类工程往往具有设计施工难度大、安全风险高、建设周期长、工程造价高、变形控制难度大等特点,一旦发生安全事故,将造成无法挽回的社会影响与经济损失,直接决定着地铁工程建设的成与败。其核心问题是工程结构自身安全风险和被穿越对象安全风险两个方面。而城市地铁穿越工程则以被穿越对象安全风险更为突出,也是工程建设中风险控制的难点和重点。在此背景下,北京市既有线路运营单位明确提出,在新建线路穿越地铁工程时,不能对既有线路采取限速措施,同时要求施工引起既有结构的沉降变形指标小于 3mm,隆起变形指标小于 2mm,对局部困难地区甚至提出更为苛刻的要求。

在上述强劲的建设需求和苛刻的环境要求下,技术人员必须解决穿越工程以及超浅埋工程严格的变形控制指标要求,实现微变形的精细化控制。本书在上述前提下,介绍实现微变形控制的"管幕法"。

针对管幕法的特点,本书将其分为顶进阶段与承载阶段。在顶进阶段,通过理论分析、数值模拟与现场实测,对钢管顶推力和钢管应力进行了研究,并提出"顶管的群管效应",为设计阶段的顶推力预测提供了理论基础,对类似工程具有一定的借鉴作用。在承载阶段,根据弹性薄板理论与薄壳理论推导出管幕均布荷载情况下的解析表达式,同时结合现场实测数据对施工过程中的既有隧道、地表的时空变形规律进行了研究,揭示了管幕法微变形控制机理,完善了管幕法的设计体系,从而保证了超浅埋、穿越等工程的施工安全。

本书以北京市三个工程为依托,分别为木樨园桥南站—大红门站区间下穿既有 10 号线、新建超浅埋平安里地铁车站以及新机场线上穿 10 号线盾构区间,系统地阐述管幕法在不同工程中(上穿、下穿、超浅埋)的微变形控制技术。全书共分 6 章,详细阐明三个工程的设计、施工以及监测等多方面的研究成果,将理论与实践相结合,可以为类似工程提供一定的参考。

各参建单位提供了基础资料,特别是中国中铁隧道集团、中铁二十三局、中铁十九局、北京城建勘测设计研究院有限责任公司无私提供了宝贵的资料。另外,在本书写作过程中,编者还参考了有关单位和学者的研究成果,在此一并表示感谢。

本书的完成得到了国家重点研发计划(2017 YFC 0805403)和国家自然科学基金(41877218)等项目的资助,在此对上述项目的资助表示感谢。

由于不同工程中管幕微变形控制技术与变形机理还有待进一步的完善,此研究结果仅供同行参考。由于编者水平及认识有限,书中难免有不当甚至错误之处,恳请读者批评指正。

编　者

2021 年 3 月 18 日

目录

■ CONTENTS

第1章

绪 论

1.1 研究背景

随着城市人口迅速增加,人们的生活质量不断提高,城市基础设施特别是交通运输业面临巨大压力。有限的城市土地资源已经不能适应城市发展的需要,人们试图扩大新的生存空间。在这种情况下,地下空间的开发成为国内外大中城市解决城市现有压力的重要手段。目前,地下空间的使用主要体现在防空、交通、地方行政和商业领域[1-2]。实践表明,作为城市公共交通的重要组成部分,城市轨道交通以其大容量,以及准时快捷、安全高效、低碳环保等优势,对优化城市空间布局,应对城市交通拥堵,促进城市健康、持续、快速发展具有重要推动作用,是当前乃至今后一段时期内我国大中城市发展的重点。在国内,上海、北京、广州、深圳等大城市均对辖内地铁线路进行了远期规划,并逐步形成安全便捷的城市轨道交通网络,城市地下轨道交通的建设和发展进入了鼎盛时期。

北京是我国最早大规模开发和利用地下空间的城市,也是城市地下空间开发最为活跃、发展最快的城市之一。1969年根据战备需要修建了中国第一条地下铁道[3]。从2000年开始,为解决北京"大城市病"之一的交通拥堵问题,北京市轨道交通建设迅速发展起来,进入大规模建设阶段,历经多年的建设,截至2019年12月,北京市轨道交通路网运营线路达23条、总里程699.3km、车站405座(包括换乘站62座)。目前北京地铁在建线路15条,到2020年,北京地铁将形成包括30条线路,总长1177km的轨道交通网络。根据北京"十三五"规划纲要与《京津冀协同发展规划纲要》,要把推动京津冀交通一体化与解决北京交通拥堵问题紧密结合起来,立足京津冀区域更大范围谋划交通发展,加快构建安全、便捷、高效、绿色、经济的交通体系。

大规模的城市轨道交通建设,必然导致新建地铁结构穿越既有地铁结构以及超浅埋等工程的大量出现[4-7]。这类工程往往具有设计施工难度大、安全风险高、建设周期长、工程造价高、变形控制难度大等特点,一旦发生安全事故,将造成无法挽回的社会影响与经济损失,并直接决定着地铁工程建设的成与败,其核心问题是工程结构自身安全风险和被穿越对象安全风险。城市地铁穿越工程中被穿越对象安全风险更为突出,也是工程建设中风险控制的难点和重点。例如,北京市规定在地铁线路交叉穿越工程实施过程中,新建工程施工不能影响既有运营的正常秩序,尤其不得限速,必须保证城市既有地铁线路现状技术指标不降低、耐久性不受影响及安全储备不减弱,因此对穿越工程引起的既有地铁线路的损害程度要求将越来越严格。例如,在地铁6号、8号、9号、10号线修建过程中,新建线路下穿既有线时要求引起的既有线结构沉降均小于3mm,对局部重点地区甚至提出0mm沉降的要求。这对于轨道交通穿越技术和工法提出了十分严格的要求。

　　在穿越工程中,按照新建隧道与既有隧道的位置关系,可以分为上部穿越和下部穿越两种情况,如图1-1和图1-2所示。当新建隧道从既有线上方穿越时,如果地层加固不及时,会导致地面出现较大沉降,对埋在地下的市政管线影响比较大,如果与既有隧道间距较小,会使既有隧道结构出现局部隆起,影响现有线路的正常运行;当新建隧道从下部穿越既有线时,对地表的扰动小,地表沉降不明显,对地面结构影响比较小,但会导致既有隧道的沉降变形,由于深度较大,通常会受到地下水的影响,施工难度大,成本高,建成以后运营成本也较高。如果这些穿越线路的设计或建造不合理,既有隧道结构会出现额外的内力和变形,并且会影响现有列车的安全运行,甚至会对现有地铁线路造成永久性损坏,直接影响到地铁的安全性和周边环境的安全。表1-1所示为北京地铁典型的近距离穿越既有地铁线工程。

图1-1　上部穿越示意图　　　　　　　　图1-2　下部穿越示意图

表1-1　北京地铁典型的近距离穿越既有地铁线工程

序号	新建线	既有线	穿 越 情 况	穿越类型	最小间距/m
1	5号线	2号线	崇文门暗挖车站下穿2号线区间	下穿	1.98
2		1号线	东单暗挖车站上穿1号线区间	上穿	0.6
3		2号线	雍和宫—和平里暗挖区间下穿雍和宫站	下穿	0.3
4	4号线	2号线	宣武门暗挖车站下穿2号线宣武门站	下穿	1.9
5		1号线	西单暗挖车站上穿1号线区间	上穿	0.5
6		2号线	西直门改造(预留)		

续表

序号	新建线	既有线	穿越情况	穿越类型	最小间距/m
7	10号线	1号线	国贸—双井盾构区间下穿1号线区间	下穿	1.245
8		13号线	北土城—芍药居盾构区间下穿13号线芍药居站	下穿	9.215
9	机场线	13号线	机场线东直门站下穿13号线东直门折返线	下穿	0
10	新机场线	10号线	新机场线大兴新城—草桥区间上穿10号线区间	上穿	0.85
11	8号线		木樨园—大红门区间下穿10号线区间	下穿	2.5

1.2　管幕法简介

在上述强劲的建设需求和苛刻的环境要求下,对于超近距穿越以及超浅埋工程,往往采用管幕法对既有结构与地表的变形进行控制。管幕法作为地下空间开发的一种暗挖施工工法,是利用小口径机建造大断面空间的施工技术。管幕法是在结构体外围预先进行钢管顶进,并在钢管侧面利用锁扣进行连接,在锁扣空隙内填充止水材料,形成一个能抵御上部荷载的超前支护体系,并起到隔断周围水土的帷幕结构作用,从而减小对上部土体、既有建构筑物和周围环境的扰动。管幕法具有对周围环境扰动小、施工空间限制低、对复杂环境适应性强的特点,广泛应用于机场、地铁、地下通道、公路隧道、水工隧道和矿业工程等多个领域的建设和穿越工程中,如图1-3所示。与管棚法相比,管幕法施工中钢管之间通过锁扣进行连接,锁扣空隙中可以注浆或者填充止水材料,使钢管间紧密连接形成一个可以止水阻土的帷幕,因此管幕法比管棚法具有更好的整体性和更广泛的适用性。管幕锁扣有多种连接形式,如图1-4所示。

图1-3　管幕法施工工程

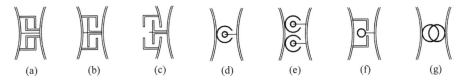

(a)　　(b)　　(c)　　(d)　　(e)　　(f)　　(g)

图1-4　锁扣连接形式

1.2.1 管幕法的特点

表 1-2 将管幕法与盾构法、箱涵顶进法进行了比较。

表 1-2 暗挖工法比较

施工方法	施工堆场要求	施工情况	适用情况	经济性	工期
矩形顶管,盾构法	堆场要求大,满足管片堆置	工艺成熟,但对环境有一定的影响	施工空间要求轻松,洞口加固影响范围较大,影响土体的 pH 值,不适于上部有管线、建筑、道路及古树名木	较好	短
箱涵顶进法	堆场要求较大	工艺成熟,但对环境有较大影响	施工空间要求宽松,但需对洞口加固,不适于上部有管线、建筑、道路及古树名木	较好	短
管幕法	堆场要求较小	工艺复杂,对环境影响小	施工空间小,土体变形及 pH 值要求高,周边环境复杂	一般	较短

管幕法作为一种地下空间建设预支护工法,具有诸多独特的特点,可将其优缺点总结如下。

优点:①管幕法可采用钻孔和顶管进行施工,因此施工时噪声和振动较小,可以改善施工环境,降低对周围环境的影响;②管幕法施工所需作业空间小,无须进行大范围的道路改建和管线搬迁,不影响城市道路正常通行;③管幕可以起到阻水隔水帷幕的作用,施工时可以通过设置止水装置和控制出土量等措施有效防止水土流失,因此施工时不用降低地下水位,对周围岩土扰动较小;④适用于回填土、砂土、黏土、软土和岩层等多种地层,对不同地层适用性较强;⑤能够较好控制地下建构筑物和地表的沉降,可以大大提高结构物的稳定性;⑥管幕法施工完成后,作为一种临时结构可以提供较大的刚度,保证了后续施工的安全;⑦管幕作为一种整体预支护结构,可以减小上部土层的不均匀沉降,使上部土层和结构的沉降向着均匀可控趋势发展。

缺点:①管幕法施工使用小型顶管机时,对于顶管机的精度要求高,机具设备造价昂贵;②作为管幕的钢管埋入土体之后不能回收,施工成本高。

相比于其他暗挖工法,管幕法最大的优点就是对周围环境扰动小,能够很好地控制上部建构筑物结构的沉降变形,尤其是在复杂的超浅埋和穿越工程中,能够保证施工时既有结构的安全以及控制地表的变形。因此,研究管幕法在复杂环境中地下工程施工,特别是对于涉及微变形控制的重要工程的施工,具有重要的意义。

1.2.2 管幕钢管顶进工艺选择

管幕钢管顶进的施工方法一般有钻孔法、夯管法和顶管法。各种顶进工艺都有其优缺点和适用范围,不同的顶进工艺会直接影响管幕的施工精度和对环境的扰动大小。三种顶进方法的优缺点和适用范围如表 1-3 所示。本书将针对其中的顶管法的相关工程技术问题进行研究。

表 1-3 管幕钢管顶进工艺比较

钢管顶进方式	适用范围	优　点	缺　点
钻孔法	适用于软土地区中小直径管幕	工艺简单,设备轻便,施工速度快,施工精度高	在软弱地层易造成塌孔、卡钻、进管困难,施工中地层过多的土水损失会造成较大的土层位移
夯管法	均匀软土地层的中小直径管幕	避免了塌孔、卡钻、进管困难等问题,不需后背墙,施工速度快,施工造成的地层位移较小	工序复杂,设备选型限制大,施工噪声大,施工精度较低
顶管法	均匀软土地区大直径、长距离管幕	避免了塌孔、卡钻、进管困难等问题,施工质量好、噪声小,施工引起的土层位移较小	需后背墙,工序复杂,施工设备系统繁杂,造价高

1.2.3　管幕技术的发展历程

管幕法起源于日本,之后在全世界得到广泛应用。日本于 1971 年首次成功地将管幕法应用于 Kawase-Inae 穿越铁路的通道工程[8],随后欧洲开始采用管幕法施工。1979 年比利时首次将管幕法应用在了 Antewerp 地铁车站的修建中[9-10]。新加坡在 1982 年首次采用管幕法修建城市街道地下通道,其中用了 24 根直径600mm 的钢管。马来西亚也于 1993 年开始逐渐在地下工程中采用管幕法施工。美国在 1994 年首次采用管幕法进行工程建设,采用的管幕钢管直径为 770mm。20 世纪末管幕法在美国得到了更进一步的推广应用[11-12]。

早期我国大型城市地下工程多采用管棚技术作为暗挖工程的主要辅助工法。直到 1984 年在香港某城市地下通道的修建中才首次使用管幕法。1989 年台北松山机场地下通道工程由日本铁建公司承建,采用了管幕结合 ESA 箱涵顶进工法施工[13]。1996 年台北修建地下通道,管幕内进行了注浆加固[14]。2004 年,上海中环线虹许路—北虹路地道施工,这是我国第一次采用管幕结合箱涵顶进施工技术,也是世界上在软土地层中施工的断面尺寸最大的管幕法工程[15]。2004 年北京地铁 5 号线崇文门站下穿既有地铁 1 号线区间隧道工程,为保证车站开挖支护过程中的结构稳定、严格控制地面沉降、保护邻近建筑物的安全,采取了管幕超前支护的施工方案[16]。

随着对管幕法研究和探索的进步,将管幕法与其他工法相结合,衍生出一种新工法：管幕-箱涵法。管幕-箱涵法是在管幕钢管构成的水密性空间内进行箱涵顶进的施工方法。日本在管幕法方面的应用一直处于领先地位，并研发出一系列管幕法，如前顶（front jacking，FJ）工法、结构涵体无限自走顶进（endless self-advancing，ESA）工法、管幕结合箱涵顶进（roof-box jacking，RBJ）工法、奥村组 R&C 工法等。ESA 工法是在管幕形成后，对管幕内的土体进行水平加固后开挖导洞，铺设导轨，将串芯油缸安放在每节箱涵之间，从而通过串芯油缸牵引顶进在导轨上的箱涵。FJ 工法是在箱涵顶进阶段通过钢绞线把两侧箱涵连接在一起，通过串芯油缸或者千斤顶交替牵引两侧的箱涵，或设置反力壁安装钢绞线，使箱涵一侧牵引顶进。RBJ 工法是一种管幕结合箱涵顶进的施工工法，主要适用于软土地层浅埋式大断面长距离非开挖地道工程，施工过程中依靠网格工具头稳定开挖面，将底排管幕作为箱涵顶进的基准面，同时管幕与箱涵间有完整可靠的支撑润滑介质，从而减少箱涵顶进过程中的地表沉降及顶进阻力。

近年来，随着地下工程施工技术的发展，韩国相关工程公司在管幕法的基础上发展了称为蜂窝成拱法（CAM）的工法，并在韩国注册为 NTR 工法（new tubular roof method，新管幕法）[17]，作为传统管幕法的改进与创新被广泛应用于穿越城市公路、铁路的地下车道或人行道的施工，也可用于地下大断面结构物的施工，比如地铁车站、地下车库等的施工[18]。新管幕法是对管幕法的一种改进，但与管幕法有很大的区别。新管幕法所顶钢管均为大直径钢管（直径一般在 1800mm 以上），在顶进钢管保护下工人或机械进入钢管内部开挖排土，切割钢管并支撑其内部，并在内进行灌浆加固。待管幕支护体系达到一定的安全稳定性后，再进行地下结构大断面的土方开挖。采用大直径钢管的目的，就是可以在施工后期直接将拟建结构物外轮廓（结构底板、顶板、墙体）施作于所顶钢管形成的管排内，从而完成地下结构的构筑[19]。该工法在韩国、意大利已有多个成功案例。韩国在工程条件极为苛刻的首尔地铁 9 号线 923 车站工程中应用该工法，并取得圆满成功。2010年国内首次采用新管幕法修建了沈阳地铁 2 号线新乐遗址站。

1.2.4　管幕法施工步骤

管幕法施工对于施工精度要求较高，施工机具较为复杂，因此施工步骤比较烦琐，主要施工步骤可分为两部分：管幕的施工（顶管阶段）和管幕保护下地下结构体的施工（承载阶段）。具体施工步骤[20]见表 1-4。

表 1-4　管幕法施工步骤

步骤	作 业 内 容
第一步	构筑工作井（和接收井），空间根据钢管分段长度及推进机械确定
第二步	构筑顶管机后背反力墙，对工作井（及接收井）洞口进行加固
第三步	标准管顶进，保证标准管顶进的精度，必要时进行纠偏处理
第四步	将钢管按一定的顺序依次顶进，确保钢管锁扣的有效搭接形成帷幕

续表

步骤	作 业 内 容
第五步	在钢管内部和锁扣之间进行注浆,提高管幕刚度和整体性
第六步	开挖土体、开挖支护同步进行直至贯通,必要时进行土层加固和分步开挖
第七步	依次逐段修筑内部结构,拆除临时支撑体系,形成完整通道

采用管幕法施工时,由于锁扣的影响,顶管顶进过程中,需要严格控制顶管的水平和竖直方向的顶进精度。当钢管幕顶进偏差大时,会导致锁口角钢变形和脱焊,管幕无法闭合,导致顶进困难和卡钻。因此在钢管顶进过程中需要对管幕的施工精度进行监测,采用合理的顶管施工参数和合理的顶进顺序,保证顶管施工具有较高的精度,一旦发现钢管偏差过大,应立即采取相应措施进行纠偏。为减小钢管顶进施工对地层的扰动,可以在钢管锁口处涂刷止水润滑剂,在钢管顶进时起润滑作用,后期成为有止水作用的凝胶;且通过预埋注浆管在钢管接头处注入止水剂,使浆液纵向流动并充满锁口处的间隙,防止开挖时地下水渗入管幕内[21]。

1.3 国内外研究现状

管幕法施工主要分为两个阶段,即管幕钢管顶进阶段和管幕的承载阶段,本节分别进行综述说明。

1.3.1 顶管顶推力研究现状

顶管是一种非开挖技术,广泛应用于隧道衬砌、油管和水管等工程的建设中。根据不同的工程需求,顶管管径可在 250mm~3m 内变化,近几年甚至还出现了适用于车辆和行人的大跨箱型顶管结构。相比于传统的明挖方法,顶管施工具有对地面交通和邻近结构影响较小的优势,因此在城市地区得到了广泛的应用。顶管过程较为复杂,其中顶推力是顶管最重要的参数,它受土层性质、超挖、注浆、停机等因素的影响。顶推力的预测与顶管系统的设计和选用密切相关,若顶推力预测不当,可能导致管道结构失效[22](尤其是混凝土管的接头处)、推力墙过载或钢管被卡住[23]无法顶进等事故。

1. 顶推力理论研究

顶管顶推力由顶管前方的端头阻力以及管周的侧摩阻力两部分组成,随着顶管顶进长度的增加,侧摩阻力将起主导作用。许多学者对顶进过程的顶推力进行了研究和预测,并提出了多种预测顶推力的经验公式以及修正模型。例如:①日本隧道协会提出的经验公式,简称 JMTA 模型[24];②马保松模型[25];③Staheli 模型[26];④Pellet-Beaucour 和 Kastner 模型[27],在本书中简称 P-K 模型。

Ji 等[28]提出了一种"波浪形"管道模型,并将角度偏差的影响因素引入该模型中,从而可以计算管道错位情况下的顶推力,通过将实测数据与理论模型计算结果进行比较,验证了该模型的精度。

张鹏等[29]对于泥浆作用下管道与孔壁发生部分接触的情况,采用协调表面 Persson 接触模型分析管土之间接触角度和接触压力分布规律,并给出了相应的顶推力计算公式。

纪新博等[30]以 Staheli 计算土压力模型为基础,推导了含翼缘异形钢顶管的拱顶竖向土压力计算方法,并与现场观测数据进行了对比,所得结果一致性较高,验证了所提方法的可行性。

叶艺超等[31]基于弹性力学半无限空间柱形圆孔扩展理论和黏性流体力学平板模型理论,推导了考虑泥浆触变性的顶管顶推力的一种新的计算方法,并进行了实例验证。

王双等[32]提出了判断三种常见泥浆套形态的方法,利用半无限弹性体中柱形圆孔扩张理论探讨了注浆压力对泥浆套厚度的影响,最后针对该三种泥浆套形态提出了摩阻力计算公式。

杨仙等[33]结合普式理论与太沙基理论,提出了改进的垂直土压力计算理论公式,并通过与实测结果进行比较,证明了改进的理论公式更适合于深埋顶管顶推力的计算。

2. 顶推力数值分析

在实际的顶管过程中,学者们发现经验公式的预测值与实测值往往偏差较大。进而,许多学者希望通过数值模拟方法对顶推力进行更好的预测。根据已有文献,利用两种数值模拟方法来预测顶推力:①三维有限元法;②二维离散元法。由于三维离散元法具有颗粒数量较多、计算量较大、颗粒间参数难以确定等一系列问题,因此还未见有学者利用三维离散元法对顶推力进行模拟。

Shou 等[34]通过直剪试验确定了管土接触面的摩擦系数,并以此作为有限元模型的输入参数,研究了顶管过程中的管土相互作用,同时根据顶管周围土体的 Mises 应力变化趋势给出了顶管的影响范围。

Ong 等[35]提出了一种利用隧道弃土进行重塑和直剪试验的参数预测顶推力的方法。

Yen 等[36]采用位移控制方法对顶推力进行了模拟,并将数值结果与实测数据进行比较,证明了使用有限元软件可以较为精确地预测顶推力。

Barla 等[37]以意大利的一个微型隧道工程为依托,针对 760mm 管在石灰岩地区顶进时被卡住的现象,进行了连续体和非连续体的模拟,指出设计阶段对于顶管工程来说是至关重要的。

Barla 等[38]利用 PFC2D 提高了顶管技术在托里诺地区的适用性,并提出了一种估算顶推力的方法。

3. 顶管实测研究

Milligan 等[39-40]根据监测顶管过程管土之间的接触应力结果,指出顶推力受顶管基准、停机、注浆、开挖方法等因素的影响较大,并且提出了管土之间的"全接触"和"非全接触"模型。

Pellet-Beaucour 和 Kastner[27]指出总顶推力的变化通常与端头阻力的变化有关,总顶推力的最小值对应极低的端头阻力。

Zhang 等[41-42]介绍了拱北隧道的顶管工程,并依据拱北隧道的实测数据对顶管顶推力的理论模型进行了修正,同时还对曲线顶管的顶推力进行了研究。

Cheng 等[43]以台湾省的顶管工程为依托,根据监测数据与经验模型提出了一种简单表征隧道钻孔情况的方法。

Broere 等[44]尝试将 TBM 平移和旋转的影响引入顶推力的计算公式中。

张倍等[45]以新建北京地铁 8 号线木樨园—大红门区间(以下简称"木—大区间")正线下穿既有 10 号线盾构区间为工程依托,采用现场原位试验的方法研究了砂卵石地层中管幕的施工工艺以及管幕法施工对周边土层的影响。

1.3.2　管幕承载研究现状

管幕在设计之初便用于承载,目前对于管幕结构的受力和变形的研究较少,而对于管棚的力学作用机理研究较多。在现有文献对单根管棚的研究中,学者们分别将管棚简化为固支梁、简支梁、弹性地基梁以及弹性地基梁双参数模型,对管幕超前预支护体系进行了大量的研究。

Kotake 等[46]研究了注浆管幕的承载机理与加固效果,证明了管幕可以很好地限制围岩的应力释放,以保证掌子面的稳定性。

Tan[47]利用 FLAC 对管幕法进行了二维数值模拟,分析了不同管幕形状、不同钢管直径对沉降的影响。研究表明钢管幕可明显地抑制隧道的变形及相应的地表沉降,采用管幕法施工可减少地面沉降 40%～50%。

周顺华[48]以杭州解放路隧道原位观测和室内土工离心模拟试验为基础,探讨了管棚支护的"棚架"原理,同时根据钢管直径将管棚分为小管棚体系、中管棚体系与大管棚体系,并分别提出了设计和施工参数。

贾金青等[49]将 108mm 小管棚简化为梁,利用 Pasternak 弹性地基梁理论对管棚的开挖力学行为进行了理论解析的推导,并通过现场监测数据进行了验证。

肖世国等[50]将管幕简化为固定梁与弹性地基梁,对箱涵顶进管幕法施工中管幕的承载机理进行了分析。

谭忠盛等[51]利用模型试验,研究了不同管幕布置形式、管径大小以及不同开挖方法对地表、管幕沉降的影响。

赵文等[52-54]通过数值模拟与室内试验相结合的方法,研究了 STS 新管幕结构的承载能力及其影响因素,并给出翼缘板厚度与钢管壁厚之比的合理取值范围。

杨光辉等[55]通过室内足尺试验,对锁扣管幕的接头力学性能进行了研究。

日本学者 Yamakawa[56]通过半解析半数值法推导了考虑钢管转动效应的管

幕受荷下的挠度解析解,并通过室内试验验证了该解析式的正确性。

Attewell 等[57]通过数值方法研究了管幕工程隧道掘进引起土层位移对周边环境的影响,提出了土层变形的影响范围。松本等[58]研究了软土地区管幕法施工,指出若对管幕土体进行加固,一般可将管幕视为弹性地基梁进行计算。

姚大钧等[59]介绍了软黏土中设计和分析管幕法的要点,并通过数值分析方法模拟隧道支撑开挖工序,对地表变形特征进行了研究并与现场监测数据进行了对比分析。

朱合华、闫治国等[60]运用风险分析方法,分析了饱和软土地层中施工管幕法施工时顶进精度、顶进阻力、地表沉降(隆起)、管幕损坏、管幕水密性、管幕锁口连接以及箱涵开挖面稳定、箱涵损坏、箱涵方向控制、管幕下沉、箱涵安全出洞、地面变形控制等方面存在的风险,得出工程的总体风险水平,并提出了相应的防范措施。

孙旻、徐伟[61]对软土地层管幕法施工过程进行了三维数值模拟,得出施工过程中地表沉降和管幕周围土体的位移变化规律,同时与实测结果进行比较。结果表明:采用 D-P 模型可以在不考虑土体时变特性的情况下较好地模拟管幕法施工过程。

李耀良等[62]结合上海外滩管幕工程,从管幕顶进工艺选择、精度控制、施工过程中的沉降控制等方面介绍软土地区管幕法的施工工艺要点,为软土地区复杂环境下地下空间施工方法提供了新的思路。

段英丽[63]对不停航跑道下超长管幕保护超浅埋大断面暗挖施工技术进行了研究,通过管幕超前支护、土体超前预加固注浆、多导洞开挖支护等方法解决了不停航跑道下超长管幕保护超浅埋大断面平顶直墙暗挖施工难题,跑道沉降始终控制在容许范围内,确保了飞机正常起降。

李耀良、赵伟成等[64]以山东济南城区某工程为例,介绍了在硬土地区复杂环境下管幕工艺的施工技术,为硬土地区地下空间的修建提供了新的思路。

黎永索、张可能等[65]通过对施工引起的地表沉降进行分析,利用修正的 Peck 公式进行了预测,预测值和实测值证明了管幕预筑法对隧道周围土体有着良好的约束作用。

张峻铭[66]针对采用新型管幕法的某工程进行研究,通过在管幕两侧架设支撑的方法保持管幕结构的稳定,通过建立三维有限元模型分析了支撑拆除数量与管幕变形之间的规律。

周国辉[67]以成都成华区致力路工程为研究背景,介绍了在交通繁忙的隧道中管幕超前支护结构的设计和应用效果。

汪思满[68]在上海外滩源 33 号项目改造中,为了使古树不被影响,采用了管幕水平支护技术,在降低施工对周围环境扰动方面作用明显,为老城区的改造提供了可借鉴的经验。

1.4　本书的主要内容

本书以北京地铁 8 号线木—大区间矿山法下穿既有 10 号线盾构区间工程、新机场线大兴新城—草桥区间洞桩法上穿既有 10 号线盾构区间工程以及 19 号线超浅埋平安里地铁车站工程为依托,利用理论分析、数值模拟以及现场实测等方法对下穿、上穿以及超浅埋情况下的管幕法施工进行顶进阶段与承载阶段微变形控制的研究,主要研究内容如下。

1. 基于弹性薄板理论的管幕支护力学机理

基于弹性薄板理论和已有文献的研究成果,将管幕简化为各向同性的弹性薄板,并结合现场施工特点,对管幕边界条件进行了适当的简化,利用理论解析方法对管幕开挖力学行为进行了理论推导,并与现场实测数据对比分析,验证了解析解的正确性,给出了将管幕简化为薄板的变形与弯矩分布规律。

2. 基于连续梁理论的管幕支护力学机理

忽略管幕钢管之间的锁扣连接,可将管幕简化为一根根互不相连的梁,利用连续梁理论(固支梁、简支梁、弹性地基梁)可求得管幕的开挖力学行为,将连续梁理论的计算结果与弹性薄板理论的计算结果进行对比分析,得出不同理论在管幕力学机理计算上的异同点。

3. 粉细砂地层中钢管顶推力的研究

以新机场线大兴新城—草桥区间洞桩法上穿既有 10 号线盾构区间工程为依托,顶进阶段,在钢管外侧壁安装应力传感器,在钢管顶进过程中记录顶管机的顶推力数据与应力传感器数据,通过应力数据反分析得出钢管顶进时的端头阻力与侧摩阻力,并将得出的端头阻力与现有的计算公式进行对比分析;结合数值模拟方法,提出了顶管施工的"顶推力群管效应"。

4. 超近距下穿工程中管幕支护机理及效果分析

以北京地铁 8 号线木—大区间正线下穿既有 10 号线盾构区间工程为依托,阐述了管幕法在超近距下穿既有盾构隧道中的应用,并对既有线的变形进行了现场实测,分析了管幕法施工中土层参数、钢管直径、顶管顺序、注浆加固和开挖进尺等因素对管幕上方地层的扰动影响;在施工现场进行了管幕钢管顶进施工试验,并在试验钢管上方布置多点位移计监测土层变形,结合数值模拟对顶管施工中地层的扰动进行了评价;采用数值模拟的方法建立三维有限差分模型,对管幕法施工和隧道开挖过程进行模拟,研究了管幕和隧道施工地层扰动机理。

5. 超浅埋暗挖工程中管幕支护机理及效果分析

以 19 号线超浅埋平安里地铁车站工程为依托,阐述了管幕法在超浅埋暗挖工程中的应用,对施工过程中地表与拱顶变形进行了现场实测,研究了超浅埋地铁车站施工期间地表与拱顶的变形规律;将管幕分别简化为弹性薄板和连续梁,对比分析了两种理论的计算结果。

6. 超近距离上穿工程中管幕支护机理及效果分析

以新机场线大兴新城—草桥区间洞桩法上穿既有 10 号线盾构区间工程为依托,阐述了管幕法在超近距上穿既有盾构隧道中的应用。首先,通过有限差分方法对全阶段施工过程进行模拟,分析既有线结构的竖向变形和径向收敛、既有线结构应力、既有线周围土体变形、管幕支护结构的变形以及各施工阶段对既有线结构的影响占总变形量的比例;确定了整个施工过程完成后既有线变形的最大位置和最大变形量;对既有线结构顶部和底部竖向变形差异进行了分析,得出既有线结构的变形规律。其次,对施工过程中地表沉降、隧道结构竖向位移、隧道结构水平位移、轨道结构沉降等监测数据进行了分析;对比数值模拟结果,验证了数值模型的有效性。最后,基于既有线变形控制的设计与施工方案,采用分步变形控制方法,对既有线微变形控制支护作用效果进行了分析,通过多种工况分析研究了管幕钢管直径、钢管顶进顺序、开挖步距对既有线结构变形的影响规律。可以发现管幕支护体系对控制既有线结构变形起到了极为重要的作用。

第 2 章

钢管顶推力与
管幕微变形控制技术理论基础

管幕法施工分为顶进阶段与承载阶段,本章分别介绍两个阶段的基本理论。首先总结计算顶进阶段的四种顶推力的经验模型,并对四种经验模型进行对比分析;其次,根据管幕的布置形式的不同,将管幕分为横向管幕与纵向管幕,根据前人的试验结果,给出将横向管幕简化为连续梁与弹性薄板的依据;最后,介绍求解弹性薄板理论解析式和利用传递矩阵法求解横向管幕的计算方法。

2.1 顶推力理论模型

在本节中,将介绍四种应用较为广泛的顶推力理论模型,分别为:①Japan Microtunnelling Association 模型,简称 JMTA 模型[24];②Ma Baosong 模型(马保松模型)[25];③Staheli 模型[26];④Pellet-Beaucour 和 Kastner 模型,简称 P-K 模型[27]。表 2-1 中列出了各种模型的端头阻力 F_0 和侧摩阻力 F_s 的计算公式。

在 JMTA 模型中,端头阻力 F_0 与土体的标准贯入试验锤击数 N 有关;而侧摩阻力 F_s 由两部分构成,其中一部分为作用在管上的土压力引起的侧摩阻力,土压力利用太沙基公式计算得到,另一部分则是管自重引起的侧摩阻力。JMTA 模型以太沙基土拱效应为理论基础,顶推力仅与顶管管径、土层性质有关,而与管道的埋深无关。简言之,该模型中土拱高度不随管道埋深的变化而变化。

在马保松模型中,端头阻力 F_0 为土层的静止土压力,而侧摩阻力 F_s 包含管道自重以及作用在管道上的垂直土压力和水平土压力。在计算垂直土压力时并非取整个覆土厚度,而是引入了垂直土压力系数 K_p 来考虑土拱效应。与 JMTA 模型不同的是,马保松模型的垂直土压力计算式中包含管道埋深 h,认为土拱高度随着管道埋深的增大而增大。事实上,大量的学者对隧道的渐进性破坏进行了模型试验研究,试验中均出现了随着上覆荷载的增加,隧道拱部存在动态压力拱效应的现象,即不同荷载条件下对应不同高度的压力拱[70-71]。

表 2-1　四种顶推力计算模型的对比

顶推力模型	端头阻力（F_0）	侧摩阻力（F_s）	单位长度总法向接触应力（σ'）
Japan Microtunneling Association(JMTA)	$F_0 = 10 \times 1.32\pi \times D \times N$	$F_s = \pi \times D \times \tau \times L + \omega \times \mu \times L$ $\tau = c + \sigma \times \tan\delta$ $\sigma = \gamma \times \dfrac{D}{2 \times \tan\psi}$	$\sigma' = \pi \times \gamma \times \dfrac{D^2}{2 \times \tan\psi} + \omega$
马保松	$F_0 = \dfrac{1}{4} \times \pi \times D^2 \times$ $\left[K_0 \displaystyle\sum(\gamma_i h_i) + \gamma_w h_w \right]$	$F_s = K \times \left[\mu \times (2P_v + 2P_h + P_b) \right]$ $P_v = K_p \times \gamma \times h \times D \times L$ $P_h = \gamma \times \left(h + \dfrac{D}{2}\right) \times D \times L \times \tan^2\left(45° - \dfrac{\psi}{2}\right)$ $P_b = \omega \times L$	$\sigma' = 2 \times K_p \times D \times \gamma \times h + 2 \times D \times \gamma \times \left(h + \dfrac{D}{2}\right) \times \tan^2\left(45° - \dfrac{\psi}{2}\right) + \omega$
Staheli	—	$F_s = \mu \times \dfrac{b^*}{\tan\psi} \times \pi \times D \times L$ $b^* = \gamma \times \dfrac{D}{2} \times \cos\left(45° + \dfrac{\psi}{2}\right)$（仅适用于无黏性土）	$\sigma' = \gamma \times \pi \times \dfrac{D^2}{2} \times \cos\dfrac{45° + \dfrac{\psi}{2}}{\tan\psi}$
Pellet-Beaucour and Kastner	$F_0 = $ 初始顶推力	$F_s = \mu \times D \times L \times \dfrac{\pi}{2} \times \left[\left(\sigma_{EV} + \gamma \times \dfrac{D}{2}\right) + K_2 \times \left(\sigma_{EV} + \gamma \times \dfrac{D}{2}\right) \right]$ $\sigma_{EV} = b \times \dfrac{\gamma - 2 \times \dfrac{c}{b}}{2 \times K \times \tan\delta} \times \left(1 - e^{-2 \times K \times \tan\delta \times \frac{h}{b}}\right)$	$\sigma' = D \times \dfrac{\pi}{2} \times \left[\left(\sigma_{EV} + \gamma \times \dfrac{D}{2}\right) + K_2 \times \left(\sigma_{EV} + \gamma \times \dfrac{D}{2}\right) \right]$

注：在 JMTA 模型中，D 为顶管外径；N 为土体锤击数；c 为土体黏聚力；σ 为作用在顶管上的法向应力；δ 为土体滑动面摩擦角；γ 为土体重度；L 为顶管长度；ω 为顶管自重；μ 为管土之间的摩擦系数。

在马保松模型中，D 为顶管外径；K_0 为静止土压力系数；h_i 为第 i 层土厚度；γ_i 为第 i 层土重度；h_w 为地下水位到管线的距离；γ_w 为水的重度；K 为安全系数（通常取为 1.2）；ω 为顶管自重；L 为顶管长度；ψ 为土体内摩擦角；P_v 为顶管轴以上的垂直土压力；P_h 为土体侧向土压力；P_b 为单位长度管的自重；K_p 为垂直土压力系数（砂质土取 0.3，黏质土取 0.4，软质土取 0.5）。

在 Staheli 模型中，γ 为土体重度；D 为顶管外径；L 为顶管长度；ψ 为土体内摩擦角；b^* 为受扰动土体宽度。

在 Pellet-Beaucour and Kastner 模型中，D 为顶管外径；L 为顶管长度；K_2 为作用在顶管上的土拱推力系数，建议取为 0.3（French Society for Trenchless Technology，2006）；σ_{EV} 为作用在顶管拱顶部的压力；δ 为土体剪切带摩擦角；K 为土压力系数；b 为受扰动土体宽度。

在 Staheli 模型中,假定作用在管道上的土压力为管道拱顶上方不稳定区域的土体自重,并用 b^* 代替太沙基公式中的 b 求得作用在管道上的土压力。与 JMTA 模型相似的是,该模型同样基于太沙基土拱效应理论,且认为作用在管道上的土压力与管道埋深无关;不同之处在于该模型只适用于无黏性土。

在 P-K 模型中,将初始顶推力作为端头阻力 F_0,而侧摩阻力 F_s 则可以通过作用在管道拱顶的应力 σ_{EV}(太沙基活动门试验)计算得到。P-K 模型中作用在管道上的拱顶应力 σ_{EV} 不仅受覆盖层厚度 h、黏聚力 c 和土体容重 γ 的影响,还受一些经验参数 K、b 和 δ 的影响。表 2-2 给出了不同国家规范中对于这三个经验参数的取值。

表 2-2　不同国家规范中经验参数取值

经验参数	日本规范[24]	GB 50332[72]（中国）	ATV A 161[73]（德国）	ASTM F 1962[74]（美国）	BS EN 1594[75]（英国）
b/m	$D[1+2\tan(45°-\psi/2)]$	$D_e[1+\tan(45°-\psi/2)]$	$D \times 3^{0.5}$	$1.5D$	$D[1+2\tan(45°-\psi/2)]$
δ/(°)	ψ	30°	$\psi/2$	$\psi/2$	ψ
K	1	$\tan^2(45°-\psi/2)$	0.5	$\tan^2(45°-\psi/2)$	$1-\sin\psi$

注:b 为土体宽度;δ 为土体剪切带摩擦角;K 为土压力系数。

图 2-1 给出了不同模型下作用在钢管上总的法向应力 σ' 随覆径比(h/D)的变化曲线。可以看出,在日本(太沙基)、中国(GB 50332)、美国(ASTM F 1962)、德国(ATV A 161)和英国(BS EN 1594)规范中,σ' 的值在 h/D 较小时略微增加,当 h/D 较大时,σ' 值为一常数,不随 h/D 的变化而变化。其中,德国(ATV A 161)和美国(ASTM F 1962)给出的预测值最高,原因是在德国和美国规范中给出了更为

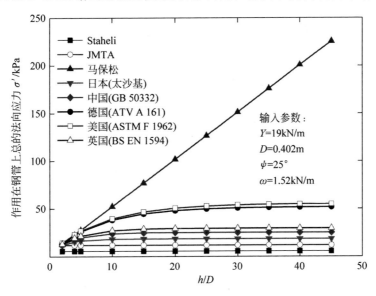

图 2-1　不同模型下法向总应力随覆径比的变化曲线图

保守的假设,即只考虑土体滑动剪切带一半的内摩擦角,降低了周围土体对滑动剪切带土体的剪切阻力,从而使得更大的土压力作用在钢管上;而在马保松模型中,σ'的值随着 h/D 的增加一直呈线性增加;在 JMTA 和 Staheli 模型中,σ' 值与 h/D 无关,不随 h/D 的变化而变化,为常数。

2.2 管幕布置形式与支护体系

现有两种管幕布置形式,分别为纵向布置和横向布置。管幕纵向布置是指钢管顶进方向与隧道纵向平行,而管幕横向布置是指钢管顶进方向与隧道纵向垂直,如图 2-2 所示。纵向管幕在地铁车站与隧道建设中较为常见,而横向管幕一般只

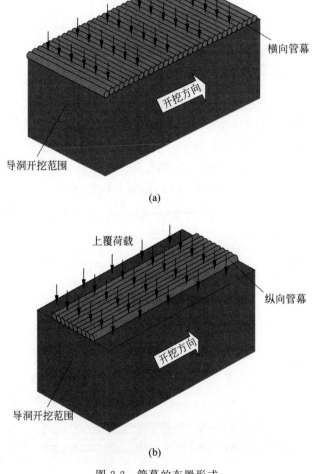

图 2-2　管幕的布置形式

（a）横向管幕；（b）纵向管幕

用于地铁车站工程。地铁车站纵向长度可以达 $200 \sim 300\mathrm{m}$,而横向长度通常为纵向长度的 $1/10$ 左右。

在纵向管幕法施工时,钢管顶进长度较长,钢管顶进精度较难控制,如果顶管周边邻近管线、地表,极易在钢管顶进阶段对地表与周围管线造成不可恢复的破坏;并且随着钢管顶进长度的增加,顶推力也增加,这需要顶管承载墙具有足够的承载力。在开挖过程中,纵向管幕需要辅以较密的格栅/型钢拱架支撑,使管幕和拱架形成完整的支护体系。

相较于纵向管幕而言,横向管幕的钢管顶进长度小,顶进的精度控制较容易,在先行导洞内即可进行钢管的顶进,对承载墙的要求较低;并且横向管幕一侧端头深入土体内部,与土体变形协调,而另一侧端头则在先行导洞内,与导洞初支侧墙搭接,在管幕保护下开挖导洞,一边开挖一边施作导洞初期支护,导洞初支侧墙作为管幕的支撑梁。此时上覆地层的变形主要包括两部分:①管幕的挠曲变形;②导洞内支撑梁的变形。所以其微变形控制可主要通过提高管幕和导洞内支撑梁的刚度来实现。但横向管幕在顶进前需要进行先行导洞的开挖,在先行导洞开挖过程中会对地表与周围管线造成一定的影响。

2.3 基于弹性薄板的微变形控制理论

2.3.1 弹性薄板依据简化

日本学者 Yamakawa[76] 通过半解析半数值法推导了考虑钢管转动效应的管幕受荷的解析式,并通过室内试验对该解析式进行了验证。然而,该解析式求解过程较为烦琐,难以直接应用于实际工程。图 2-3 给出了横向管幕室内试验的模型与挠度结果,图中给出的试验结果为各管中点处的挠度值,可以看出,管幕变形呈现出一定的连续性。基于该试验结果,不考虑钢管的转动效应与接头对管幕整体刚度的贡献,可将管幕简化为弹性薄板,如图 2-4 所示。

本书采用文献[80]中将抗弯刚度与抗压刚度同时等效的方法确定薄板的弹性模量 E_{eq} 和厚度 t_{eq}。等效方法如下式所示:

$$\begin{cases} t_{\mathrm{eq}} = \sqrt{12 \times \dfrac{K_{\text{钢管}} + K_{\text{浆体}}}{D_{\text{钢管}} + D_{\text{浆体}}}} \\ E_{\mathrm{eq}} = \dfrac{D_{\text{钢管}} + D_{\text{浆体}}}{b_1 t_{\mathrm{eq}}} \end{cases} \tag{2-1}$$

其中,t_{eq} 为等效厚度;E_{eq} 为等效弹性模量;$D_{\text{钢管}}$ 为钢管的抗压刚度;$D_{\text{浆体}}$ 为浆体的抗压刚度;$K_{\text{钢管}}$ 为钢管的抗弯刚度;$K_{\text{浆体}}$ 为浆体的抗弯刚度;b_1 为管幕的承载宽度,这里取为钢管圆心距。

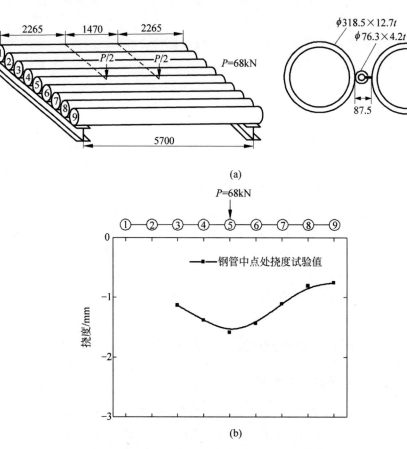

图 2-3   日本管幕加载试验模型与结果[76]

(a) 试验模型图;(b) 试验结果图

(注:图中未注的尺寸单位均为 mm,下同)

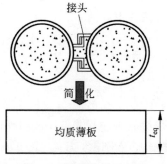

图 2-4   管幕简化示意图

2.3.2　弹性薄板理论有关概念与计算假定

在弹性力学中,将两个平行面和垂直于这两个平行面的柱面所围成的物体称为板,分为平板和弧形板,如图 2-5 所示。这两个平行面称为板面,这个柱面称为侧面或板边。两个板面之间的距离 δ 称为板的厚度,平分厚度 δ 的平面称为板的中间平面,简称为中面。如果板的厚度 δ 远小于中面的最小尺寸 b (例如小于 $b/8 \sim b/5$),这个板就称为薄板,否则就称为厚板。

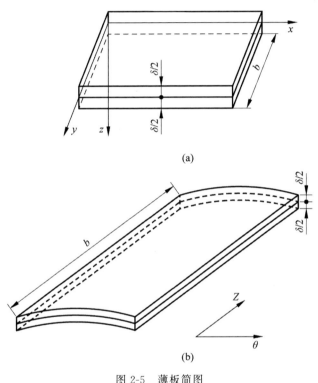

图 2-5　薄板简图
(a) 平板;(b) 弧形板

当薄板受一般荷载时,总可以把每一个荷载分解为两个分荷载,一个是平行于中面的所谓纵向荷载,另一个是垂直于中面的所谓横向荷载。对于纵向荷载,可以认为它们沿薄板厚度均匀分布,因而它们所引起的应力、应变和位移可以按平面应力问题进行计算。横向荷载将使薄板弯曲,它们所引起的应力、应变和位移,可以按薄板弯曲问题进行计算。

当薄板弯曲时,中面所弯成的曲面称为薄板的弹性曲面,而中面内各点在垂直于中面方向的位移,即横向位移,称为挠度。

本章基于薄板的小挠度弯曲理论,也就是只讨论这样的薄板:它虽然很薄,但仍具有相当的弯曲刚度,因而它的挠度远小于它的厚度。

薄板的弯曲问题属于空间问题。在建立薄板的小挠度弯曲理论时，除了满足弹性力学的基本假定外，还应满足以下三个计算假定（这些假定已被大量的实验所证实）。取薄板的中面为 xy 面，如图 2-5 所示，这三个计算假定陈述如下。

(1) 垂直于中面方向的正应变，即 ε_z，可以不计，取 $\varepsilon_z = 0$，则由几何方程 $\dfrac{\partial \omega}{\partial z} = 0$，从而使得

$$\omega = \omega(x, y) \tag{2-2}$$

这就是说，在板内所有的点，位移分量 ω 只是 x 和 y 的函数，而与 z 无关。因此，在中面的任一根法线上，薄板沿厚度方向的所有各点都具有相同的位移 ω，也就是挠度。

由于作出了上述假定，所以必须放弃如下与 ε_z 有关的物理方程：

$$\varepsilon_z = \frac{\sigma_z - \mu(\sigma_x + \sigma_y)}{E} \tag{2-3}$$

这样才能允许 $\varepsilon_z = 0$，而同时又容许 $\sigma_z - \mu(\sigma_x + \sigma_y) \neq 0$。

(2) 应力分量 τ_{zx}、τ_{zy} 和 σ_z 远小于其余三个应力分量，因而是次要的，它们所引起的应变可以不计。

因为不计 τ_{zx} 和 τ_{zy} 所引起的应变，所以有

$$\gamma_{zx} = 0, \quad \gamma_{yz} = 0$$

于是由几何方程得

$$\frac{\partial u}{\partial z} + \frac{\partial \omega}{\partial x} = 0, \quad \frac{\partial \omega}{\partial y} + \frac{\partial v}{\partial z} = 0$$

从而得

$$\frac{\partial u}{\partial z} = -\frac{\partial \omega}{\partial x}, \quad \frac{\partial v}{\partial z} = -\frac{\partial \omega}{\partial y} \tag{2-4}$$

与上相似，必须放弃如下与 γ_{zx} 和 γ_{yz} 有关的物理方程：

$$\gamma_{zx} = \frac{2(1 + \mu)}{E} \tau_{zx}, \quad \gamma_{yz} = \frac{2(1 + \mu)}{E} \tau_{yz}$$

这样才能容许 γ_{zx} 和 γ_{yz} 等于 0，而又容许 τ_{zx} 和 τ_{yz} 不等于 0。

由于 $\varepsilon_z = 0, \gamma_{zx} = 0, \gamma_{yz} = 0$，可见中面的法线在薄板弯曲时保持不伸缩，依然为直线，并且成为变形后弹性曲面的法线。

因为不计 σ_z 所引起的应变，加上必须放弃的物理方程，所以薄板小挠度弯曲问题的物理方程为

$$\begin{cases} \varepsilon_x = \dfrac{1}{E}(\sigma_x - \mu\sigma_y) \\[2mm] \varepsilon_y = \dfrac{1}{E}(\sigma_y - \mu\sigma_x) \\[2mm] \gamma_{xy} = \dfrac{2(1 + \mu)}{E}\tau_{xy} \end{cases} \tag{2-5}$$

这就是说,薄板小挠度弯曲问题中的物理方程和薄板平面应力问题中的物理方程是相同的。

（3）薄板中面内的各点都没有平行于中面的位移,即

$$(u)_{z=0}=0, \quad (v)_{z=0}=0$$

因为 $\varepsilon_x=\dfrac{\partial u}{\partial x}$,$\varepsilon_y=\dfrac{\partial v}{\partial y}$,$\gamma_{xy}=\dfrac{\partial v}{\partial x}+\dfrac{\partial u}{\partial y}$,所以由上式得

$$(\varepsilon_x)_{z=0}=0, \quad (\varepsilon_y)_{z=0}=0, \quad (\gamma_{xy})_{z=0}=0 \tag{2-6}$$

这就是说,中面内无应变发生,中面的任意一部分,虽然弯曲成为弹性曲面的一部分,但它在 xy 面上的投影形状却保持不变。

2.3.3　边界条件的简化

在管幕法施工中,横向管幕可充分发挥其自身刚度高的特点,替代了传统封闭式导洞拱顶的初支(顶部),由侧墙、底板以及管幕组成封闭结构。初支侧墙与管幕之间设置有专用调节件以及连接节点,节点详图如图 2-6 所示。连接节点由弧形托板、挡板、垫板、调节件构成,管幕与弧形托板之间采用焊接,弧形托板与垫板之间采用搭接,管幕、弧形托板、垫板、调节件与侧墙初支共同构成竖向传力体系。在上覆荷载作用下,管幕与侧墙初支相连支座处沉降可以忽略不计,但管幕可以发生微小的转角,所以管幕与初支连接处可简化为铰接支座。对于掌子面处管幕边界条件,为简化分析,也可按铰接支座处理。综上所述,随着导洞的开挖,对管幕可简化为"三边简支,一边自由"的弹性薄板进行分析。

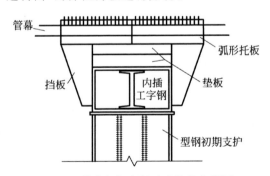

图 2-6　管幕与初支侧墙连接节点详图

2.3.4　力学模型的建立

1. 矩形薄板模型及平衡方程的求解

根据薄板的小挠度弯曲理论[77],建立如图 2-7 所示的力学模型,在该力学模型示意图中,x 方向为导洞开挖跨度方向,导洞处沿 $-y$ 方向进行开挖,$y=0$ 处为导洞掌子面。

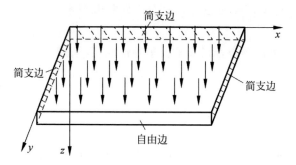

图 2-7 矩形薄板力学模型图

矩形薄板弹性弯曲的基本方程为

$$\frac{\partial^4 \omega}{\partial x^4} + 2\frac{\partial^4 \omega}{\partial x^2 \partial y^2} + \frac{\partial^4 \omega}{\partial y^4} = \frac{q}{D} \tag{2-7}$$

其中,q 为作用在板上的荷载;D 为薄板的弯曲刚度;ω 为薄板的挠度。

黄炎等[78-79]已给出了任意边界条件下式(2-7)的通解,通解形式如下:

$$\omega = \sum_m [A_m \sinh\alpha(b-y) + B_m \sinh\alpha y + C_m \alpha(b-y)\cosh\alpha(b-y) +$$

$$D_m \alpha y \cosh\alpha y]\sin\alpha x + \sum_n [E_n \sinh\beta(a-x) + F_n \sinh\beta x +$$

$$G_n \beta(a-x)\cosh\beta(a-x) + H_n \beta x \cosh\beta x]\sin\beta y + a_{00} +$$

$$a_{10}\frac{x}{a} + a_{01}\frac{y}{b} + a_{11}\frac{xy}{ab} + a_{20}\frac{x^2}{a^2} + a_{02}\frac{y^2}{b^2} + a_{21}\frac{x^2 y}{a^2 b} +$$

$$a_{12}\frac{xy^2}{ab^2} + a_{30}\frac{x^3}{a^3} + a_{03}\frac{y^3}{b^3} + a_{31}\frac{x^3 y}{a^3 b} + a_{13}\frac{xy^3}{ab^3} + \omega_0 \tag{2-8}$$

其中,ω_0 为等式(2-8)的任一特解,可取为四边简支薄板解析式:

$$\omega_0 = \sum_m \sum_n A_{mn} \sin\alpha x \sin\beta y \tag{2-9}$$

$$A_{mn} = \frac{4\int_0^a \int_0^b q\sin\alpha x \sin\beta y\, dx\, dy}{Dab(\alpha^2 + \beta^2)} = \frac{4q(1-\cos m\pi)(1-\cos n\pi)}{\pi^6 Dmn\left(\frac{m^2}{a^2} + \frac{n^2}{b^2}\right)^2} \tag{2-10}$$

$$D = \frac{Eh^3}{12(1-\mu^2)} \tag{2-11}$$

$$\alpha = \frac{m\pi}{a}, \quad m = 1,2,\cdots,\infty; \quad \beta = \frac{n\pi}{b}, \quad n = 1,2,\cdots,\infty \tag{2-12}$$

其中,E 为薄板的弹性模量;h 为薄板厚度;μ 为薄板的泊松比。

结合弹性力学中关于莱维解的叙述,对于一对边($x=0,a$)为简支的矩形薄板,通解(2-8)可以简化为以下形式:

$$\omega = \sum_m [A_m \sinh\alpha(b-y) + B_m \sinh\alpha y + C_m\alpha(b-y)\cosh\alpha(b-y) +$$

$$D_m\alpha y\cosh\alpha y]\sin\alpha x + \omega_0 \tag{2-13}$$

根据图 2-7，式(2-13)在 $y=0$ 上满足边界条件

$$\omega_{y=0} = 0, \quad \frac{\partial^2\omega}{\partial y^2}\Big|_{y=0} = 0 \tag{2-14}$$

挠度 ω 对自变量 y 取二阶偏导，得

$$\frac{\partial^2\omega}{\partial y^2} = \sum_m [A_m\alpha^2\sinh\alpha(b-y) + B_m\alpha^2\sinh\alpha y + 2C_m\alpha^2\sinh\alpha(b-y) +$$

$$C_m\alpha^3(b-y)\cosh\alpha(b-y) + 2D_m\alpha^2\sinh\alpha y + D_m\alpha^3 y\cosh\alpha y]\sin\alpha x -$$

$$\sum_m\sum_n A_{mn}\beta^2\sin\alpha x\sin\beta y \tag{2-15}$$

联立式(2-9)～式(2-15)得

$$\omega_{y=0} = \sum_m [A_m\sinh\alpha b + C_m\alpha b\cosh\alpha b]\sin\alpha x = 0 \tag{2-16}$$

$$\frac{\partial^2\omega}{\partial y^2}\Big|_{y=0} = \sum_m [A_m\alpha^2\sinh\alpha b + 2C_m\alpha^2\sinh\alpha(b-y) +$$

$$C_m\alpha^3 b\cosh\alpha b]\sin\alpha x = 0 \tag{2-17}$$

联立式(2-16)和式(2-17)可得 A_m 和 C_m 为

$$A_m = C_m = 0 \tag{2-18}$$

此时，式(2-13)可简化为

$$\omega = \sum_m (B_m\sinh\alpha y + D_m\alpha y\cosh\alpha y)\sin\alpha x + \omega_0 \tag{2-19}$$

在 $y=b$ 边界上，边界条件为

$$(M_y)_{y=b} = \left[-D\left(\frac{\partial^2\omega}{\partial y^2} + \mu\frac{\partial^2\omega}{\partial x^2}\right)\right]_{y=b} = 0$$

$$(F_{Sy})_{y=b} = \left[\frac{\partial^3\omega}{\partial y^3} + (2-\mu)\frac{\partial^3\omega}{\partial x^2\partial y}\right]_{y=b} = 0 \quad (\text{其中 } F_{Sy} \text{ 为薄板的横向剪力})$$

$$\tag{2-20}$$

求解 $\dfrac{\partial^2\omega}{\partial x^2}$、$\dfrac{\partial^3\omega}{\partial y^3}$ 和 $\dfrac{\partial^3\omega}{\partial x^2\partial y}$ 得

$$\frac{\partial^2\omega}{\partial x^2} = \sum_m -\alpha^2(B_m\sinh\alpha y + D_m\alpha y\cosh\alpha y)\sin\alpha x -$$

$$\sum_m\sum_n A_{mn}\alpha^2\sin\alpha x\sin\beta y \tag{2-21}$$

$$\frac{\partial^3 \omega}{\partial y^3} = \sum_m (B_m \alpha^3 \cosh\alpha y + 3D_m \alpha^3 \cosh\alpha y + D_m \alpha^4 y \sinh\alpha y) \sin\alpha x -$$

$$\sum_m \sum_n A_{mn} \beta^3 \sin\alpha x \cos\beta y \tag{2-22}$$

$$\frac{\partial^3 \omega}{\partial x^2 \partial y} = \sum_m [-\alpha^2 (B_m \alpha \cosh\alpha y + D_m \alpha \cosh\alpha y + D_m \alpha^2 y \sinh\alpha y) \sin\alpha x] -$$

$$\sum_m \sum_n A_{mn} \alpha^2 \beta \sin\alpha x \cos\beta y \tag{2-23}$$

联立式(2-20)～式(2-23)，可得

$$\begin{cases}
B_m = -\dfrac{8q(1-\cos m\pi)(1-\cos n\pi)\beta\cos\beta b\,[\beta^2+(2-\mu)\alpha^2]}{\pi^6 Dmn\alpha^3 \left(\dfrac{m^2}{a^2}+\dfrac{n^2}{b^2}\right)^2 (1-\mu)\left[(\mu+3)\cosh\alpha b + \dfrac{(1-\mu)\alpha b}{\sinh\alpha b}\right]} - \\[6mm]
\quad\dfrac{4q(1-\cos m\pi)(1-\cos n\pi)b\beta\cos\beta b\,[\beta^2+(2-\mu)\alpha^2]\cosh\alpha b}{\pi^6 Dmn\alpha^2 \left(\dfrac{m^2}{a^2}+\dfrac{n^2}{b^2}\right)^2 [(\mu+3)\cosh\alpha b \sinh\alpha b + (1-\mu)\alpha b]} \\[6mm]
D_m = \dfrac{4q(1-\cos m\pi)(1-\cos n\pi)\beta\cos\beta b\,[\beta^2+(2-\mu)\alpha^2]}{\pi^6 Dmn\alpha^3 \left(\dfrac{m^2}{a^2}+\dfrac{n^2}{b^2}\right)^2 \left[(\mu+3)\cosh\alpha b + \dfrac{(1-\mu)\alpha b}{\sinh\alpha b}\right]}
\end{cases} \tag{2-24}$$

将 B_m 和 D_m 代入式(2-19)即可得到"三边简支，一边自由"薄板在均布荷载下的挠度解析式。薄板 x 和 y 方向的弯矩解析式为

$$M_x = \sum_m [(\mu-1)B_m \alpha^2 \sinh\alpha y \sin\alpha x + 2\mu D_m \alpha^2 \sinh\alpha y \sin\alpha x +$$

$$(\mu-1)D_m \alpha^3 y \cosh\alpha y \sin\alpha x] - \sum_m \sum_n A_{mn} \sin\alpha x \sin\beta y (\alpha^2 + \mu\beta^2) \tag{2-25}$$

$$M_y = \sum_m [(1-\mu)B_m \alpha^2 \sinh\alpha y \sin\alpha x + 2D_m \alpha^2 \sinh\alpha y \sin\alpha x +$$

$$(1-\mu)D_m \alpha^3 y \cosh\alpha y \sin\alpha x] - \sum_m \sum_n A_{mn} \sin\alpha x \sin\beta y (\beta^2 + \mu\alpha^2) \tag{2-26}$$

2. 弧形薄板模型及平衡方程的求解

当考虑管幕为沿隧道开挖轮廓线外形成的类拱壳结构时，可建立由弹性地基支撑的薄壳简化计算模型，如图 2-8 所示。

基于 Kirchhoff-Love 假设，由 Flugge 于 1966 年提出的薄壁圆截面拱壳的力平衡控制方程满足

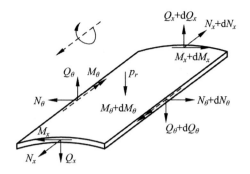

图 2-8 弧形薄板力学模型图

$$\begin{cases} \dfrac{\mathrm{d}N_x}{\mathrm{d}x} + p_x r = 0 \\[2mm] r\,\dfrac{\mathrm{d}N_\theta}{\mathrm{d}\theta} - \dfrac{\mathrm{d}M_\theta}{\mathrm{d}\theta} + p_\theta r^2 = 0 \\[2mm] rN_\theta + \dfrac{\mathrm{d}^2 M_\theta}{\mathrm{d}\theta^2} + \dfrac{\mathrm{d}^2 M_x}{\mathrm{d}x^2} - p_r r^2 = 0 \end{cases} \tag{2-27}$$

为便于分析,考虑对上述方程进行解耦,即分别取等效作用宽度的单管,按一维弹性基础梁计算管幕的纵向力学特性,取沿管幕纵向单位长度拱壳,按等效圆弧梁段计算管幕的环向力学特性。

1)圆弧拱简化模型

进行管幕环向内力计算时,可计入锁脚锚杆对拱架结构的受力影响,视为在拱脚位置由锁脚锚杆将力传递给周围地层。考虑其相互间的内力平衡和变形协调条件,建立锁脚锚杆-拱结构和封闭圆弧拱的简化模型,见图 2-9。当隧道上导洞开挖时,围岩荷载可视为全部由管幕传递给拱脚处锚杆;下导洞开挖时,隧道支护封闭成环,围岩荷载转由拱圈承担。锁脚锚杆与圆弧拱可分别按支撑在围岩上的半无限长弹性地基梁和弹性支座圆弧梁计算。

管幕环向位移计算采用荷载-地基梁简化模型,基本假定如下:

(1)锁脚锚杆与拱结构互为弹性固定,计算时考虑两者间的荷载传递及变形协调。

(2)拱结构计算模型采用直梁弯曲的直线法假定,且满足小变形假定。

(3)采用 Pasternak 双参数模型,考虑锁脚锚杆处地基反力,即通过在 Winkler 模型各弹簧间增设剪切层传递剪力,具体表达式为

$$q = kb^* w - G_p b^* w'' \tag{2-28}$$

其中,q 为地基反力;w 为弹性地基梁挠度;b^* 为考虑基床剪切效应下梁的等效宽度,$b^* = b + \sqrt{G_p / k}$,b 为弹性地基梁宽度,k 为基床系数;G_p 为地基剪力传递系数,取零时则退化为 Winkler 地基模型。

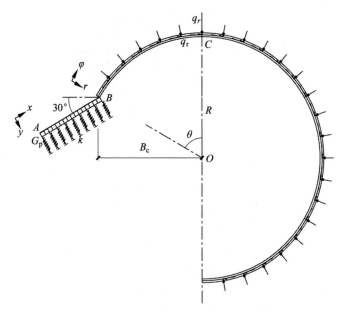

图 2-9　管幕环向计算模型

2) 结构计算原理

(1) 微分方程及求解。

AB 段：

$$E_b I_b \frac{\mathrm{d}^4 w}{\mathrm{d}x^4} - G_p b^* \frac{\mathrm{d}^2 w}{\mathrm{d}x^2} + k b^* w = 0 \qquad (2\text{-}29)$$

BC 段：

$$E_e I_e \left(\frac{\mathrm{d}^5 w}{\mathrm{d}\varphi^5} + 2 \frac{\mathrm{d}^3 w}{\mathrm{d}\varphi^3} + \frac{\mathrm{d}w}{\mathrm{d}\varphi} \right) + k R^4 \frac{\mathrm{d}w}{\mathrm{d}\varphi} = R^4 \left[q_r'(\varphi) - q_\tau(\varphi) \right] \qquad (2\text{-}30)$$

其中，$E_b I_b$、$E_e I_e$ 分别为锁脚锚杆和拱梁的截面等效抗弯刚度；R 为环半径；一般情况下 $G_p \lambda^2 / k < 1$，其中 $\lambda = \sqrt[4]{k b^* / 4EI}$。

式(2-29)、式(2-30)的通解可分别表示为

$$w(x) = \mathrm{e}^{\alpha x}(C_1 \cos\beta x + C_2 \sin\beta x) + \mathrm{e}^{-\alpha x}(C_3 \cos\beta x + C_4 \sin\beta x) \qquad (2\text{-}31)$$

$$w(\varphi) = B_1 + B_2 \operatorname{sh}\bar\alpha\varphi \cos\bar\beta\varphi + B_3 \operatorname{ch}\bar\alpha\theta \cos\bar\beta\varphi +$$

$$B_4 \operatorname{sh}\bar\alpha\varphi \sin\bar\beta\varphi + B_5 \operatorname{ch}\bar\alpha\varphi \sin\bar\beta\varphi + f(\varphi) \qquad (2\text{-}32)$$

其中，

$$\alpha = \lambda \sqrt{1 + G_p \lambda^2 / k}$$

$$\beta = \lambda \sqrt{1 - G_p \lambda^2 / k}$$

$$\bar{\alpha} = \sqrt{\sqrt{1+\lambda'}-1}/\sqrt{2}$$

$$\bar{\beta} = \sqrt{\sqrt{1+\lambda'}+1}/\sqrt{2}$$

$$\lambda' = kR^4/E_e I_e$$

$B_1 \sim B_5$、$C_1 \sim C_4$ 为可由边界条件确定的待定参数。

令状态向量 $\boldsymbol{S} = \begin{bmatrix} w & v & \theta & M & Q & N & 1 \end{bmatrix}$，假设已知梁端作用有位移和内力参数 w_0、v_0、θ_0 及 M_0、Q_0、N_0。由此可求得待定参数，进而求得结构各截面的转角、弯矩、剪力。为便于后续讨论，表示如下：

$$\boldsymbol{S} = w_0 \boldsymbol{F}_1 + v_0 \boldsymbol{F}_2 + \theta_0 \boldsymbol{F}_3 + M_0 \boldsymbol{F}_4 + Q_0 \boldsymbol{F}_5 + N_0 \boldsymbol{F}_6 \tag{2-33}$$

其中，$\boldsymbol{F}_1$ 表示由横向位移引起的梁端位移或内力函数；$\boldsymbol{F}_2$ 表示由切向位移引起的梁端位移或内力函数；$\boldsymbol{F}_3$ 表示由转角位移引起的梁端位移或内力函数；$\boldsymbol{F}_4$ 表示由弯矩引起的梁端位移或内力函数；$\boldsymbol{F}_5$ 表示由集中力引起的梁端位移或内力函数；$\boldsymbol{F}_6$ 表示由轴向力引起的梁端位移或内力函数。

（2）坐标转换矩阵。已知锁脚锚杆与圆弧拱的转角为 ψ，转折处两侧状态向量间的关系为

$$\boldsymbol{S}_t^R = \boldsymbol{T}_t \boldsymbol{S}_t^L \tag{2-34}$$

其中，

$$\boldsymbol{T}_t = \begin{bmatrix} \cos\psi & 0 & 0 & & & 0 \\ -\sin\psi & 0 & 0 & & & 0 \\ 0 & 1 & 0 & & & 0 \\ 0 & 0 & 1 & & & 0 \\ 0 & 0 & 0 & & & \cos\psi \\ 0 & 0 & 0 & & & -\sin\psi \end{bmatrix}$$

（3）上导洞开挖。在锁脚锚杆上端，有

$$\begin{cases} \left[-E_b I_b w'' \right]_{x=0} = M_0 \\ \left[-E_b I_b w''' + G_p b^* w' \right]_{x=0} = Q_0 \end{cases} \tag{2-35}$$

则由式（2-33）、式（2-34）可得对应位移和转角：

$$w(0) = \frac{\left[(\beta^2 - 3\alpha^2) + G_p b^*/E_b I_b \right] M_0 - 2\alpha Q_0}{E_b I_b (\alpha^2 + \beta^2)^2 + G_p b^* (\alpha^2 + \beta^2)}$$

$$\theta(0) = \frac{2\alpha M_0 + Q_0}{E_b I_b (\alpha^2 + \beta^2) + G_p b^*}$$

进而式（2-32）的通解可表示为

$$S_i = T_e S_0 \tag{2-36}$$

其中，

$$
T_e =
\begin{bmatrix}
\cos\theta & \sin\theta & R\sin\theta & \dfrac{R^2}{E_eI_e}(1-\cos\theta) & \dfrac{R^3}{E_eI_e}\left(\dfrac{1}{2}\sin\theta - \dfrac{1}{2}\theta\cos\theta\right) & \dfrac{R^3}{E_eI_e}\left(\dfrac{\theta}{2}\sin\theta + \cos\theta - 1\right) & F_w \\[2mm]
-\sin\theta & \cos\theta & R(\cos\theta-1) & \dfrac{R^2}{E_eI_e}(\sin\theta-\theta) & \dfrac{R^3}{E_eI_e}\left(\dfrac{\theta}{2}\sin\theta + \cos\theta - 1\right) & \dfrac{R^3}{E_eI_e}\left(\theta - \dfrac{3}{2}\sin\theta + \dfrac{\theta}{2}\cos\theta\right) & F_v \\[2mm]
0 & 0 & 1 & \dfrac{R}{E_eI_e}\theta & \dfrac{R^2}{E_eI_e}(1-\cos\theta) & \dfrac{R^2}{E_eI_e}(\sin\theta-\theta) & F_\theta \\[2mm]
0 & 0 & 0 & 1 & R\sin\theta & R(\cos\theta-1) & F_M \\[2mm]
0 & 0 & 0 & 0 & \cos\theta & -\sin\theta & F_Q \\[2mm]
0 & 0 & 0 & 0 & -\sin\theta & \cos\theta & F_N \\[2mm]
0 & 0 & 0 & 0 & 0 & 0 & 1
\end{bmatrix}
$$

其中，F_w、F_v、F_θ、F_M、F_Q、F_N 为荷载函数。

（4）下导洞开挖。下导洞开挖时，视为隧道支护结构封闭成环支撑围岩荷载，此时可不考虑锁脚锚杆作用，直接按式（2-36）进行计算。

2.4 基于连续梁的微变形控制理论

在本节中，将管幕分别简化为简支梁、固支梁以及弹性地基梁，并利用传递矩阵法与解析法进行求解。

2.4.1 连续梁简化依据

朱合华[55]等对注浆锁扣进行了节点纯弯曲和剪切足尺试验，得到了注浆锁扣接头的抗弯刚度，如图 2-10 所示，试验中得到的接头抗弯刚度约为 500kN·m²。以直径 402mm、壁厚 16mm 的钢管为例，注浆填充后，计算得到的抗弯刚度为 7800kN·m²。可见，锁扣接头的抗弯刚度与抗剪刚度仅为注浆后钢管的 1/15。所以在对管幕进行分析时，可忽略接头处的影响，将管幕简化为各自独立的钢管。

可认为锁扣传力能力有限,而不予考虑。所以在对管幕进行分析时,可忽略接头处的影响,将管幕简化为各自独立的钢管。此时,管幕的开挖力学响应可通过连续梁理论求得。

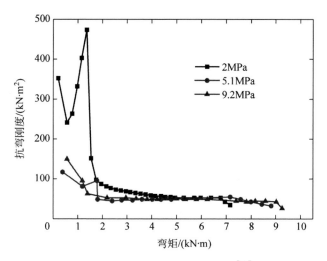

图2-10　管幕接头弯曲试验曲线[55]

2.4.2　Winkler 弹性地基梁计算方法[81]

1. 弹性地基梁力学模型

本节将钢管简化为梁,用弹簧模拟钢管与土体的相互作用。简化计算模型如图2-11所示。其中 O 为开挖导洞中点,A 为开挖导洞边界,AB 为管幕在未开挖段的长度,且 AB 段符合 Winkler 计算假定的弹性围岩-隧道结构梁力学计算模型。现将 OA 段钢管划分为 m 个单元,将 AB 段钢管划分为 n 个单元,单元之间通过节点传递荷载。

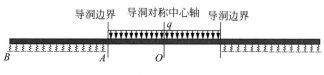

图2-11　管幕弹性地基梁简化模型

2. 梁单元受力分析

取钢管长度方向第 i 个单元进行受力分析,如图2-12所示。图中,ω_{i-1}^{R} 为节点单元 $i-1$ 右侧的挠度,M_{i-1}^{R} 为节点单元 $i-1$ 右侧的弯矩,ϕ_{i-1}^{R} 为节点单元 $i-1$ 右侧的转角,Q_{i-1}^{R} 为节点单元 $i-1$ 右侧的剪力,ω_{i}^{L} 为节点单元 i 左侧的挠度,M_{i}^{L} 为节点单元 i 左侧的弯矩,ϕ_{i}^{L} 为节点单元 i 左侧的转角,Q_{i}^{L} 为节点单元 i 左侧的剪力。

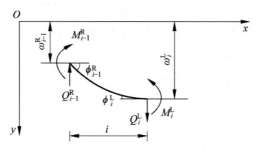

图 2-12　第 i 个单元受力分析

根据受力平衡条件,可以得到如下平衡方程:

$$Q_i^{\mathrm{L}} - Q_{i-1}^{\mathrm{R}} = 0 \tag{2-37}$$

$$M_i^{\mathrm{L}} - M_{i-1}^{\mathrm{R}} - Q_{i-1}^{\mathrm{R}} L_i = 0 \tag{2-38}$$

$$\omega_i^{\mathrm{L}} = \omega_{i-1}^{\mathrm{R}} - \phi_{i-1}^{\mathrm{R}} L_i - M_i^{\mathrm{L}} \frac{L_i^2}{2EI_i} + Q_i^{\mathrm{L}} \frac{L_i^3}{3EI_i} \tag{2-39}$$

$$\phi_i^{\mathrm{L}} = \phi_{i-1}^{\mathrm{R}} + M_i^{\mathrm{L}} \frac{L_i}{EI_i} - Q_i^{\mathrm{L}} \frac{L_i^3}{2EI_i} \tag{2-40}$$

其中,EI_i 为钢管的抗弯刚度;L_i 为钢管长度。

将上述方程整理成矩阵形式,可得

$$\boldsymbol{S}_i^{\mathrm{L}} = \begin{bmatrix} 1 \\ Q_i^{\mathrm{L}} \\ M_i^{\mathrm{L}} \\ \omega_i^{\mathrm{L}} \\ \phi_i^{\mathrm{L}} \end{bmatrix} = \begin{bmatrix} 1 & 0 & 0 & 0 & 0 \\ 0 & 1 & 0 & 0 & 0 \\ 0 & L_i & 1 & 0 & 0 \\ 0 & -\dfrac{L_i^3}{6EI_i} & -\dfrac{L_i^2}{2EI_i} & 1 & -L_i \\ 0 & \dfrac{L_i^2}{2EI_i} & \dfrac{L_i}{EI_i} & 0 & 1 \end{bmatrix} \begin{bmatrix} 1 \\ Q_{i-1}^{\mathrm{R}} \\ M_{i-1}^{\mathrm{R}} \\ \omega_{i-1}^{\mathrm{R}} \\ \phi_{i-1}^{\mathrm{R}} \end{bmatrix} = \boldsymbol{D}_{i,i-1} \boldsymbol{S}_{i-1}^{\mathrm{R}} \tag{2-41}$$

其中,$\boldsymbol{S}_i^{\mathrm{L}}$ 为单元 i 左侧的内力矩阵;$\boldsymbol{D}_{i,i-1}$ 为单元 $i-1$ 右侧到单元 i 左侧的传递矩阵;$\boldsymbol{S}_{i-1}^{\mathrm{R}}$ 为单元 $i-1$ 的内力矩阵。

3. 节点单元受力分析

对第 i 个节点的内力进行分析,如图 2-13 所示。图中,Q_i^{R}、M_i^{R} 分别为节点单元 i 右侧的剪力、弯矩,Q_i^{L}、M_i^{L} 分别为节点单元 i 左侧的剪力、弯矩。对于导洞内节点(OA 段),取 $k_i = 0$ 即可。

根据平衡条件可得矩阵方程

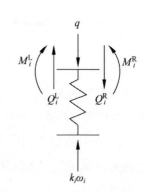

图 2-13　第 i 节点的内力传递

$$\boldsymbol{S}_i^{\mathrm{R}} = \begin{bmatrix} 1 \\ Q_i^{\mathrm{R}} \\ M_i^{\mathrm{R}} \\ \omega_i^{\mathrm{R}} \\ \phi_i^{\mathrm{R}} \end{bmatrix} = \begin{bmatrix} 1 & 0 & 0 & 0 & 0 \\ -q_i & 1 & 0 & k_i & 0 \\ M_i & 0 & 1 & 0 & 0 \\ 0 & 0 & 0 & 1 & 0 \\ 0 & 0 & 0 & 0 & 1 \end{bmatrix} \begin{bmatrix} 1 \\ Q_i^{\mathrm{L}} \\ M_i^{\mathrm{L}} \\ \omega_i^{\mathrm{L}} \\ \phi_i^{\mathrm{L}} \end{bmatrix} = \boldsymbol{G}_i \boldsymbol{S}_i^{\mathrm{L}} \tag{2-42}$$

其中，$\boldsymbol{S}_i^{\mathrm{R}}$ 为节点 i 右侧的内力矩阵；$\boldsymbol{G}_i$ 为节点 i 左右两侧内力的传递矩阵；k_i 为地基系数，可通过下式确定：

$$k_i = \frac{0.65 E_{\mathrm{s}}}{B(1-\mu^2)} \sqrt[12]{\frac{E_{\mathrm{s}} B^4}{EI}} \tag{2-43}$$

其中，E_{s} 为土体的弹性模量；μ 为土体的泊松比；EI 为梁的抗弯刚度；B 为梁宽度（本书中取为钢管外径）。

由式（2-41）和式（2-42）可得

$$\boldsymbol{S}_n^{\mathrm{L}} = \boldsymbol{D}_{n,n-1} \boldsymbol{G}_{n-1} \cdots \boldsymbol{G}_i \boldsymbol{D}_{i,i-1} \cdots \boldsymbol{G}_1 \boldsymbol{D}_{1,0} \boldsymbol{S}_0^{\mathrm{R}} \tag{2-44}$$

结合边界条件即可求得式（2-44）。

对于图 2-9 所示的地基模型，边界条件为

$$\begin{bmatrix} Q_O & \phi_O \end{bmatrix}^{\mathrm{T}} = \begin{bmatrix} 0 & 0 \end{bmatrix}^{\mathrm{T}}, \quad \begin{bmatrix} Q_B & M_B \end{bmatrix}^{\mathrm{T}} = \begin{bmatrix} 0 & 0 \end{bmatrix}^{\mathrm{T}} \tag{2-45}$$

2.4.3　简支梁与固支梁的计算方法

计算简支梁与固支梁时，只需要将图 2-11 中 A 点约束条件改为简支梁与固支梁所对应的边界条件即可。计算过程与 2.4.2 节中一致，不再赘述。

其中，简支梁的边界条件为

$$\begin{bmatrix} Q_O & \phi_O \end{bmatrix}^{\mathrm{T}} = \begin{bmatrix} 0 & 0 \end{bmatrix}^{\mathrm{T}}, \quad \begin{bmatrix} \omega_A & M_A \end{bmatrix}^{\mathrm{T}} = \begin{bmatrix} 0 & 0 \end{bmatrix}^{\mathrm{T}} \tag{2-46}$$

固支梁的边界条件为

$$\begin{bmatrix} Q_O & \phi_O \end{bmatrix}^{\mathrm{T}} = \begin{bmatrix} 0 & 0 \end{bmatrix}^{\mathrm{T}}, \quad \begin{bmatrix} \omega_A & \phi_A \end{bmatrix}^{\mathrm{T}} = \begin{bmatrix} 0 & 0 \end{bmatrix}^{\mathrm{T}} \tag{2-47}$$

2.4.4　双参数弹性地基梁的计算方法

以单根钢管为研究对象，以弹性基础梁模拟结构受力，管幕简化力学模型如图 2-14 所示。将管幕全长划分成四部分分别考虑，即按 Winkler 地基梁考虑：梁段①（AB），已开挖支护段，长度取 l_1；梁段②（BC），开挖未支护段，长度取 l_2。按 Pasternak 地基梁考虑：梁段③（CD），掌子面前方松弛段，长度取 l_3；梁段④（DE），未扰动段，长度取 l_4。

由弹性基础梁理论可得管幕各段挠曲微分方程如下。

AB 段：

$$E_{\mathrm{c}} I_{\mathrm{c}} \frac{\mathrm{d}^4 w}{\mathrm{d}x^4} + k_1 b^* w = bp(x) \tag{2-48}$$

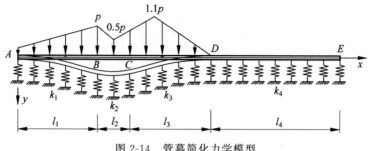

图 2-14　管幕简化力学模型

BC 段：

$$E_c I_c \frac{d^4 w}{dx^4} = b p(x)$$ (2-49)

CD 段：

$$E_c I_c \frac{d^4 w}{dx^4} - G_p b^* \frac{d^2 w}{dx^2} + k_3 b^* w = b p(x)$$ (2-50)

DE 段：

$$E_c I_c \frac{d^4 w}{dx^4} - G_p b^* \frac{d^2 w}{dx^2} + k_4 b^* w = 0$$ (2-51)

式中，$E_c I_c$ 为管幕梁的纵向等效抗弯刚度；其他参数同前。

求式(2-48)～式(2-51)，各梁段挠度可依次表示为

$$w_1(x) = e^{\lambda x}(c_1 \cos\lambda x + c_2 \sin\lambda x) + e^{-\lambda x}(c_3 \cos\lambda x + c_4 \sin\lambda x) + w_1^*$$ (2-52)

$$w_2(x) = b p(x) x^4 / 24 E_c I_c + c_5 x^3 + c_6 x^2 + c_7 x + c_8$$ (2-53)

$$w_3(x) = c_9 \mathrm{sh}\alpha x \cos\beta x + c_{10} \mathrm{ch}\alpha x \cos\beta x + c_{11} \mathrm{sh}\alpha x \sin\beta x +$$
$$c_{12} \mathrm{ch}\alpha x \sin\beta x + w_3^*$$ (2-54)

$$w_4(x) = c_{13} \mathrm{sh}\alpha x \cos\beta x + c_{14} \mathrm{ch}\alpha x \cos\beta x + c_{15} \mathrm{sh}\alpha x \sin\beta x +$$
$$c_{16} \mathrm{ch}\alpha x \sin\beta x$$ (2-55)

其中，$c_1 \sim c_{16}$ 为可由边界条件确定的待定参数；w^* 为与荷载和边界条件有关的特解；α、β、λ 的计算同前。

因此，结构各截面的状态向量可同样表示为如式(2-33)的形式。由梁段间内力平衡和变形协调，可知整梁始末端状态变量满足：

$$S\left(\sum_{i=1}^4 l_i\right) = \prod_{i=1}^4 T_i S(x_0) + \sum_{i=1}^4 S_i^*$$ (2-56)

其中，

$$T_4 = T_3$$

$$\boldsymbol{T}_1 = \begin{bmatrix} \lambda_1 & \lambda_2 & \lambda_3 & \lambda_4 \\ \lambda_1' & \lambda_2' & \lambda_3' & \lambda_4' \\ -E_cI_c\lambda_1'' & -E_cI_c\lambda_2'' & -E_cI_c\lambda_3'' & -E_cI_c\lambda_4'' \\ -E_cI_c\lambda_1''' & -E_cI_c\lambda_2''' & -E_cI_c\lambda_3''' & -E_cI_c\lambda_4''' \end{bmatrix} \cdot$$

$$\begin{bmatrix} \dfrac{1}{2} & \dfrac{1}{4}\lambda & 0 & -\dfrac{1}{8}E_cI_c\lambda^3 \\ 0 & \dfrac{1}{4}\lambda & \dfrac{1}{4}E_cI_c\lambda^2 & \dfrac{1}{8}E_cI_c\lambda^3 \\ 1/2 & -\dfrac{1}{4}\lambda & 0 & \dfrac{1}{8}E_cI_c\lambda^3 \\ 0 & \dfrac{1}{4}\lambda & -\dfrac{1}{4}E_cI_c\lambda^2 & \dfrac{1}{8}E_cI_c\lambda^3 \end{bmatrix}$$

$$\boldsymbol{T}_2 = \begin{bmatrix} x^3 & x^2 & x & 1 \\ 3x^2 & 2x & 1 & 0 \\ -6E_cI_cx & -2E_cI_c & 0 & 0 \\ -6E_cI_c & 0 & 0 & 0 \end{bmatrix} \cdot$$

$$\begin{bmatrix} 0 & 0 & 0 & -\dfrac{1}{6}E_cI_c \\ 0 & 0 & -\dfrac{1}{2}E_cI_c & 0 \\ 0 & 1 & 0 & 0 \\ 1 & 0 & 0 & 0 \end{bmatrix}$$

$$\boldsymbol{T}_3 = \begin{bmatrix} \hbar_1 & \hbar_1' & -E_cI_c\hbar_1'' & -E_cI_c\hbar_1'''+G_pb^*\hbar_1' \\ \hbar_2 & \hbar_2' & -E_cI_c\hbar_2'' & -E_cI_c\hbar_2'''+G_pb^*\hbar_2' \\ \hbar_3 & \hbar_3' & -E_cI_c\hbar_3'' & -E_cI_c\hbar_3'''+G_pb^*\hbar_3' \\ \hbar_4 & \hbar_4' & -E_cI_c\hbar_4'' & -E_cI_c\hbar_4'''+G_pb^*\hbar_4' \end{bmatrix} \cdot$$

$$\begin{bmatrix} 0 & \dfrac{(3\alpha^2-\beta^2)-G_pb^*/E_cI_c}{2\alpha(\alpha^2+\beta^2)} & 0 & \dfrac{-1}{2E_cI_c\alpha(\alpha^2+\beta^2)} \\ 1 & 0 & 0 & 0 \\ \dfrac{\beta^2-\alpha^2}{2\alpha\beta} & 0 & \dfrac{1}{2E_cI_c\alpha\beta} & 0 \\ 0 & \dfrac{(3\beta^2-\alpha^2)+G_pb^*/E_cI_c}{2\beta(\alpha^2+\beta^2)} & 0 & \dfrac{1}{2E_cI_c\beta(\alpha^2+\beta^2)} \end{bmatrix}$$

$$\hbar_1 = \exp\lambda_i x \cos\lambda_i x$$

$$\hbar_2 = \exp\lambda_i x \sin\lambda_i x$$

$$\hbar_3 = \exp(-\lambda_i x)\cos\lambda_i x$$

$$\hbar_4 = \exp(-\lambda_i x)\sin\lambda_i x$$

$$\hbar_1 = \operatorname{sh}\alpha_i x \cos\beta_i x$$

$$\hbar_2 = \operatorname{ch}\alpha_i x \cos\beta_i x$$

$$\hbar_3 = \operatorname{sh}\alpha_i x \sin\beta_i x$$

$$\hbar_4 = \operatorname{ch}\alpha_i x \sin\beta_i x$$

$$\boldsymbol{S}_i^* = b \prod_{j=i+1}^{4} \int_{l_i} \boldsymbol{T}_j (l_i - \xi) \boldsymbol{P}_i (\xi) \mathrm{d}\xi \tag{2-57}$$

其中，$\boldsymbol{P}_i(\xi)$ 为外载荷项，$\boldsymbol{P}_i(\xi) = \begin{bmatrix} 0 & 0 & 0 & p(\xi) \end{bmatrix}^{\mathrm{T}}$，$\xi$ 为局部坐标。

第3章

粉细砂地层中
钢管顶推力的实测分析及数值模拟

顶管是指将钢管或混凝土管顶入土层中,通常用于下水道、水管、气管、油管和电力管道等工程。由于顶管工程的始发井和接收井只需要很小的开挖量,因此顶管技术在拥挤的城市和河流交叉口等区域得到了广泛的应用。顶管是一个复杂的过程,其中顶推力是最重要的参数。许多学者对顶推力做了大量的研究,并提出了多种预测顶推力的理论模型。然而,现有文献仅局限于预测单根管的顶推力,对于已顶进管周边顶进新管顶推力的相关研究还较少。在本章中,根据实测数据与数值模拟结果,提出在顶进多根管时,存在顶推力的群管效应,该效应说明,在进行小间距顶管设计时,为了更好地预测顶推力,需要考虑周围已顶进钢管对后续顶管顶推力的放大与叠加效应。

3.1 工程概况

本章的依托工程为北京新机场线新发地—草桥暗挖顶管区间。该暗挖区间需要同时下穿镇国寺北街和上穿既有 10 号线盾构区间。图 3-1 所示为该工程的平面布置图。暗挖段的长度为 60m,最大开挖高度为 9.3m,最大开挖宽度为 14.8m。既有 10 号线盾构隧道的外径为 6m,管片厚度为 300mm。新建区间距离地表和既有盾构隧道拱顶分别为 3.9m 和 0.85m,如图 3-2 所示。在建设阶段,为了控制既有盾构隧道的隆起量和保证其结构的安全性,在拟建结构底板处需打设 26 根直径为 402mm 的钢管,打设长度为 38.5m,相邻钢管的圆心间距为 450mm。使用明挖法建设顶管始发井,始发井的尺寸为长 17m、宽 4.5m、深 14m 因施工场地的限制,不建设接收井。为防止注浆压力和浆液对下方盾构隧道产生安全性和渗漏水问题,在钢管顶进过程中,在管土之间不进行注浆润滑。每根钢管由 1 节 3m、1 节 2m 和 22 节 1.5m 长的钢管构成,每节钢管之间等强度焊接连接,相邻钢管焊缝错缝布置。当所有钢管全部顶进完毕后,统一在钢管内部进行注浆,以提高其强度。

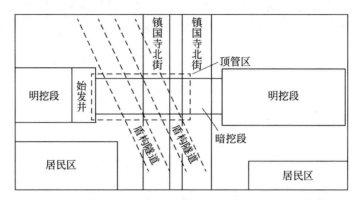

图 3-1 顶管工程区间线路平面图

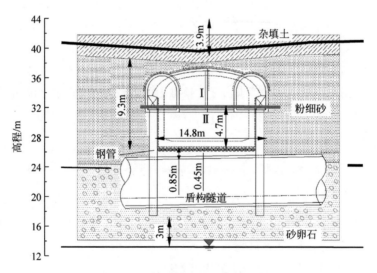

图 3-2 顶管工程区间横断面图

该工程项目整个施工过程分为三部分。首先,开挖新建结构上部土体(图 3-2 中 I 部分);其次,顶进钢管,同时施作 I 部分二次衬砌;最后,开挖新建结构下部土体(图 3-2 中 II 部分),并施作 II 部分二次衬砌。

由于顶进钢管拱底与既有盾构隧道拱顶外壁仅相距 0.45m,所以为了在顶管中尽可能小地扰动土体,该工程顶管阶段采用螺旋出土、套管跟进工艺进行顶管。将钢管作为外部套管,把配有钻头的螺旋钻杆安装在钢管内部,依靠螺旋钻杆的旋转动力和套管的顶推力向前顶进,而不是采用微型盾构机。在顶进过程中边顶进、边切削、边出渣,将管幕钢管逐段向前顶进,如图 3-3 所示。故该工程中的开挖方式为非超挖开挖,且钢管与周围土体接触类型为"全接触"。在该工程中设计采用的顶管机为 ABS-600(简称顶管机 A),该顶管机依靠四个油缸进行顶进,最大可提供 1600kN 顶推力。

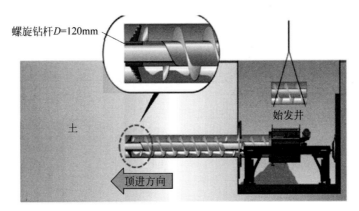

图 3-3　顶管工作示意图

3.2　应力传感器的布设及监测内容

由于顶管过程中管土之间摩擦应力较难直接量测,所以本章通过记录顶管过程中钢管的轴向应力来反映管土之间的摩擦应力。顶管过程中对轴向应力(顶进方向)进行监测,在三根钢管外壁处焊接了光纤式应力传感器。为了较精确地测量钢管顶进过程中的应力变化,减小施工荷载对测量结果的影响,以及根据顶进过程中的应力变化反演侧摩阻力 F_s 和端头阻力 F_0,在该工程中采用 MWY-FBG-SWZR 型光纤式应力传感器测量顶进过程中的钢管应力。该传感器具有性能稳定、量测精度高、抗腐蚀、抗干扰能力强等优点,它由光纤薄片应变计加工而成。应力传感器安装位置示意图如图 3-4 所示。在图 3-4(b)中,钢管编号即为钢管的顶进顺序,其中,施工单位为确定选取的顶管机是否合适,以及现有顶管技术下顶管精度是否满足规范要求,选取①号与②号管作为现场试验管进行顶进(后文中提及的试验管均代表①、②号管)。在②号钢管上安装编号为第 1 组的 7 个应力传感器,在⑥号和⑧号管上各安装编号分别为第 2 组和第 3 组的 5 个应力传感器。为防止在钢管顶进过程中传感器发生损坏,利用角钢对安装好的传感器进行保护;同时为防止连接线损坏,将连接线穿在直径 42mm 的钢管中,对应力传感器与光纤进行全长保护,如图 3-5 所示。

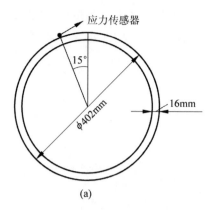

(a)

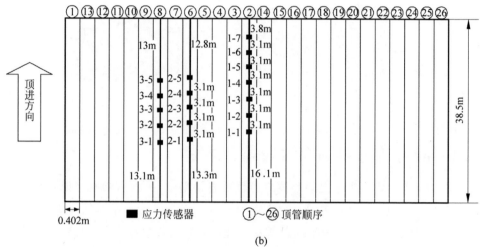

(b)

图 3-4　应力传感器安装位置与钢管顶进顺序

（a）应力传感器安装位置；（b）钢管顶进顺序

图 3-5　应力传感器的安装与保护

3.3　顶管现象及数据监测

1. 顶管现象

试验管在顶进过程中无异常现象,成功顶入设计位置。然而,从第③号管开始,当钢管顶进到30m附近时,钢管被卡住无法继续顶进。现场对钢管的顶进精度进行检测,发现钢管顶进精度均在设计范围之内,猜测可能是顶管机无法提供足够的顶推力导致钢管卡住。随后,现场临时增加一台可提供3000kN顶推力的顶管机B,成功将卡住的钢管顶入设计位置。由于顶管机B在操作时会产生噪声、环境污染等问题,所以从第③号管到最后一根管顶进时,均先采用顶管机A进行顶进,待钢管卡住时换顶管机B进行顶进。

2. 顶推力实测

图3-6所示为记录到的①~⑬号管的顶推力实测值(由于⑦号和⑨号管与给出的数据重合,故未给出⑦号和⑨号管数据)。需要说明的是,顶管机A在顶进时可记录顶推力,但顶管机B在顶进过程中无法记录顶推力,故图3-6中③~⑬号管的顶推力数据仅记录到30m附近。从图3-6中可以看出,试验管①和②记录到的最大顶推力为1550kN,接近于选择的顶管机的极限顶推力1600kN,证明顶管机A的选择较为合理;而③~⑬号管的顶推力数据明显大于试验管的数据,且呈现逐渐递增的规律。

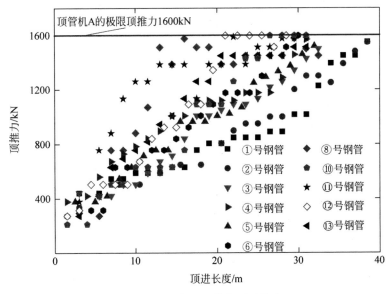

图3-6　①~⑬号钢管实测顶推力

3. 钢管轴向应力实测

在每次钢管顶进过程中,记录各个应力传感器的应力变化值。需要说明的是,在钢管顶进过程中,第2组2-4、2-5传感器和第1组1-3传感器发生损坏,无记录数据。图 3-7 所示为一次顶进过程中第 3 组传感器记录的应力变化值。可以看出,开始顶进时,钢管应力迅速增加并趋于稳定,当顶进结束后,钢管应力迅速减少,恢复到顶进前的应力水平附近。为了研究顶进一次过程中,沿顶进方向不同位置处钢管应力的变化规律,图 3-8 给出了各组传感器全部进入土层后,每次顶进时各传感器的应力值。由图 3-8 可以看出,传感器监测到的最大值为 63MPa,远小于钢管的屈服强度 235MPa;在一次顶进过程中,越靠近顶管机,钢管轴向应力变化值越大,即钢管轴向应力从顶管机处到端头呈现减小趋势。

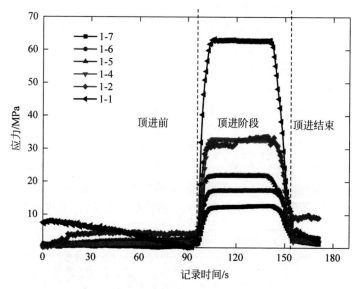

图 3-7 一次顶进过程应力变化规律(有彩图)

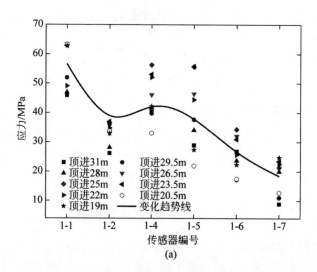

图 3-8 不同顶进长度下各传感器的应力值

(a) 第 1 组传感器监测结果;(b) 第 2 组传感器监测结果;(c) 第 3 组传感器监测结果

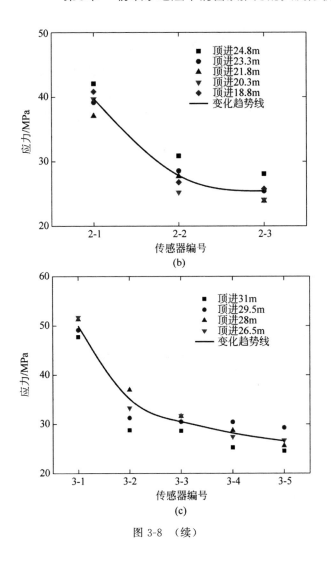

图 3-8　（续）

3.4　试验管的有限元模拟

为了确定有限元模型的输入参数,采用试验管(①和②号钢管)顶进时的顶推力数据和②号钢管实测钢管轴向应力数据对有限元模型的参数进行标定。

1. 有限元网格

Shou 等[34]利用数值模拟证明了顶管过程的影响范围为 2～3 倍的管道直径。为避免边界效应,取有限元模型的尺寸为 50m×10m×12m,如图 3-9 所示。根据Yen[36]等人的研究成果,顶管过程的顶推力可以通过模拟不同的顶进长度来反映。因此,设置四种不同顶进长度(10m,20m,30m,40m)的模型来计算顶推力。为了使数值模拟尽可能与实际施工情况相吻合,在管尾处外露 1m 长的钢管。

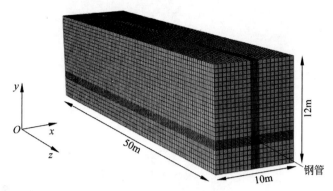

图 3-9　试验管有限元模型

2. 接触面属性和摩擦参数

Yen 等[36]通过设置土与管的接触面积来模拟实际顶管工程的超挖,并通过调整接触面摩擦系数来实现注浆。根据 3.1 节中顶管工艺的叙述,该工程中管土之间的接触为"全接触"。接触面包括法向与切向两种。接触面法向设置为硬接触,切向设置为罚摩擦,摩擦系数取 Stein 等[82]对砂土的建议值 0.3 和 0.4。

在本节的数值模型中,土体采用理想弹塑性模型,采用 M-C 屈服准则,钢管采用线弹性材料。结合地勘报告,得到数值模型的输入参数如表 3-1 所示。

表 3-1　数值模型的输入参数

材　料	杂　填　土	粉　细　砂	钢　管
属性	M-C	M-C	线弹性
埋深/m	0～3.9	3.9～14.5	—
自重 γ/(kN/m³)	18.8	19	78.5
黏聚力 c/kPa	5	0	—
内摩擦角 ψ/(°)	15	28	—
弹性模量 E/MPa	15	40	210 000
泊松比 ν	0.2	0.28	0.3

3. 模拟步骤

模型采用位移加载的方式进行模拟,即在钢管管尾中心设置一耦合点,在耦合点处施加沿顶进方向的位移荷载(本章中为 z 方向)。计算完成后提取该耦合点 z 方向的节点反力即为顶推力。

顶管数值模拟包括以下步骤:①平衡土体的自重应力;②将钢管所在位置的土体移除,并激活管土之间的接触面;③在钢管管尾耦合点处施加位移荷载。在实际的顶管过程中,螺旋钻杆和钻头均在钢管内部。钢管前方的土体被挤入钢管内部后,螺旋钻头首先切削土体,切削下来的土体会随着螺旋钻杆的转动被运送出去。在有限元模拟中,计算过程中无法实现将挤入钢管内的土体单元"杀死"的功能,故需要对位移荷载进行取值。当施加的位移荷载过大时,模型将产生较大的端头阻力,且模型难以收敛;当施加的位移荷载过小时,由于钢管的压缩变形,钢管管尾与端头可能产生不一致的位移,得到错误的顶推力计算结果。两种情况均与实际监测情况不符合。根据现场测量可知,安装好的钻头到钢管端头的距离为5~10cm,结合上述分析,该工程在耦合点处施加沿 z 向的 0.05m 位移荷载。

3.5　试验管数值模拟结果

1. 顶推力计算结果与实测结果对比分析

试验管实测顶推力与数值模拟结果的对比如图 3-10 所示。随着顶进长度从10m、20m、30m 增加到 40m,数值模拟结果呈线性增加趋势。将图中数值模拟结果延伸与竖轴相交(如图中虚线所示),可以发现两条直线与竖轴有相同的交点,该交点为顶进过程的端头阻力,值为 125kN。该现象说明了摩擦系数的改变对端头阻力无影响。故在对钢管顶推力进行研究时,可分别研究端头阻力与侧摩阻力,从而简化模型。$\mu=0.3$ 的数值模拟结果与试验管顶推力结果较为吻合,故该工程中可以将管土之间的摩擦系数定为 0.3。

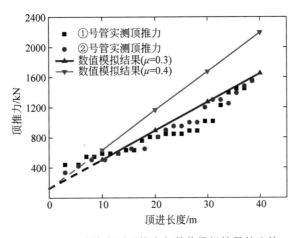

图 3-10　试验管实测顶推力与数值模拟结果的比较

2. 钢管应力计算结果与实测结果对比分析

在钢管顶进阶段,顶推力引起钢管轴向应力的增加。因此,可以提取钢管轴向应力(σ_{zz})的数值结果与实测钢管应力进行对比分析。提取摩擦系数 $\mu=0.3$ 时钢管顶进 20m 和 30m 长度下的钢管拱顶(A)、拱脚(B)、拱底(C)的数值结果 σ_{zz},并将该数值结果与顶进过程中安装在②号管上应力传感器记录到的数据进行对比分析,如图 3-11 所示。可以看出,在顶进过程中,钢管拱顶(A)、拱脚(B)和拱底(C)的 σ_{zz} 趋于相等,且沿着顶进方向线性减少。实测应力值与数值模拟结果的规律类似,且拟合程度较高,从而再次证明了粉细砂地层中将管土之间摩擦系数 μ 定为0.3 是合理的。

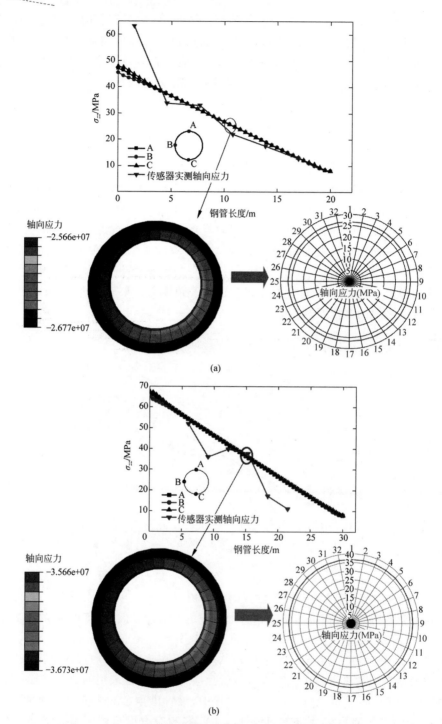

图 3-11　顶进不同钢管长度下实测应力与数值模拟结果的比较

（a）顶进 20m；（b）顶进 30m

3.6　端头阻力 F_0 和单位侧摩阻力 $\mathrm{UF_s}$ 反分析

1. 反分析力学模型

根据 3.5 节中钢管应力的数值结果,可以将钢管顶进过程简化成以下力学模型,如图 3-12(a)所示,通过该力学模型以及实测的应力变化值,可以求解钢管顶进过程中单位长度侧摩阻力 $\mathrm{UF_s}$ 与端头阻力 F_0,假定:在顶进过程中,钢管沿其纵向的摩擦应力大小相等且不变,径向压力不发生改变。求解思路如下:

在一段长度为 L 的钢管上,应力传感器 1 的位置为 x_1,应力传感器 2 的位置为 x_2,如图 3-12(b)所示,在一次顶进过程中测得的应力传感器 1 的变化值为 σ_1,应力传感器 2 的变化值为 σ_2。在之前的数值模拟中已经证明了该工程中,钢管同一截面轴向应力值相等(如图 3-11 所示)。则在一次顶进过程中的单位长度侧摩阻力的计算式为

$$\mathrm{UF_s} = |\,\sigma_2 - \sigma_1\,| \times A/(x_2 - x_1) \tag{3-1}$$

钢管端头阻力的计算式为

$$F_0 = \sigma_2 A - \mathrm{UF_s} x_2 - \omega\mu x_2 \quad \text{或} \quad F_0 = \sigma_1 A - \mathrm{UF_s} x_1 - \omega\mu x_1 \tag{3-2}$$

其中,A 为钢管横截面面积;ω 为钢管自重;μ 为管土之间的摩擦系数。

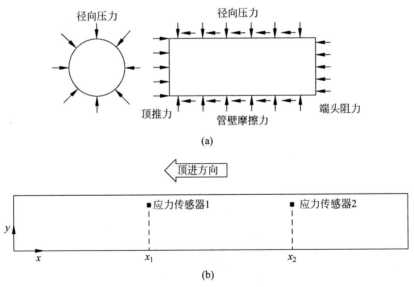

(a)

(b)

图 3-12　钢管顶进时的力学模型和计算简图

(a) 顶进阶段力学模型;(b) 计算简图

2. 单位长度侧摩阻力 $\mathrm{UF_s}$

为了尽可能地提高计算的准确性,降低个别点因施工、传感器测量的不确定性以及土层的局部不均匀性对结果的影响,选取每一组最里和最外的传感器应力数

据计算单位长度侧摩阻力 UF_s，按前文计算摩擦力的方法，通过监测数据计算得到 18 个单位长度侧摩阻力 UF_s，如图 3-13 所示。利用反分析得到的单位长度侧摩阻力 UF_s 最大为 50.6kN/m，最小为 27.42kN/m。三组传感器得到的单位长度侧摩阻力 UF_s 平均值分别为 38.24kN/m、46.36kN/m 和 43kN/m。

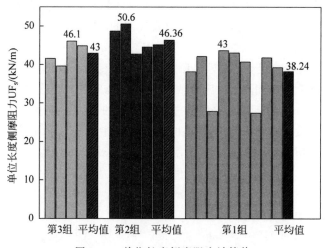

图 3-13   单位长度侧摩阻力计算值

3. 端头阻力 F_0

由于端头阻力难以直接测量，因此许多学者对顶管阶段的端头阻力进行了一定的假定，如 Pellet-Beaucour 和 Kastner 等指出顶推力的波动通常与端头阻力的变化有关，顶推力的最小值对应极低的端头阻力。

利用式(3-2)进行计算可得到端头阻力 F_0，计算结果如图 3-14 所示。可以看出，相对于侧摩阻力来说，端头阻力的离散型较大，在顶进过程中并非为一定值，而

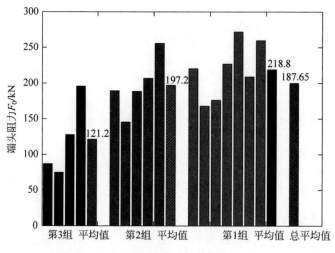

图 3-14   反分析得到的端头阻力 F_0

是在 75～270kN 之间波动。第 1、2、3 组传感器计算得到的端头阻力平均值分别为 218.8kN、197.2kN、121.2kN，总体的平均值为 187.65kN。

在 2.1 节中已经介绍了三种计算顶推力的经验公式。将得到的端头阻力 F_0 与不同经验公式的建议值进行对比，如图 3-15 所示。分析可知，利用 JMTA 计算得到的端头阻力为 183.3kN，最接近实测平均值。利用马保松模型计算得到的端头阻力最小，仅为 7kN。这是因为在马保松模型中，假定端头阻力为静止土压力。事实上，在顶进过程中，钢管前方的土体已受到不同程度的挤压以及钻杆旋转对土体的扰动，并非处于最初的未扰动状态，以静止土压力作为端头阻力往往会低估端头阻力值。而在 P-K 模型中，实测初始顶推力最大为 441kN，最小为 210kN，平均值为 312kN。P-K 模型建议的端头阻力一般大于根据式（3-2）得到的端头阻力。以初始顶推力作为端头阻力可能会高估端头阻力的取值。另外，初始顶推力只能在施工过程中得到，不能提前预测。

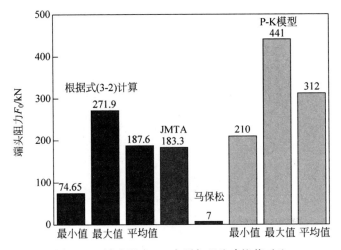

图 3-15　端头阻力 F_0 实测与理论建议值对比

3.7　顶管间距与已顶进管数量对顶推力影响的数值分析

在前面章节中，根据数值模拟结果、试验管顶推力和应力传感器结果确定了管土之间的摩擦系数 $\mu=0.3$，同时还说明了端头阻力与摩擦系数的取值无关。故对后续顶推力进行研究时，可将端头阻力与侧摩阻力分开，从而实现模型的简化。针对在施工时试验管之后的钢管顶进到 30m 附近被卡住的现象，现通过数值模拟方法分析顶管间距与已顶进管数量对后续顶管顶推力的影响。

3.7.1　数值模型和工况介绍

为了提高计算效率和简化模型分析，在本节中有限元模型仅考虑侧摩阻力，即钢管"穿过"土层。为了确保模型不受边界效应的影响,取模型的尺寸为 20m×10m×12m。顶管的长度为 22m,在土体中的长度为 20m,模型两侧各外露 1m 长钢管。管土接触面属性仍采用法向硬接触、切向罚摩擦,摩擦系数为已确定的 0.3。同样使用位移控制方法在管尾耦合点处施加位移荷载(z 方向)。为便于比较,模型输入参数仍取表 3-1 中的数值。

　　首先,以两根管为研究对象,设置管间距 d 分别为 1.1D(该工程)、1.5D、2D、2.5D、3D、4D、5D、6D(D 为钢管直径),共计八个工况,研究已存在管与顶管间距对顶推力的影响,确定顶管的影响范围,如图 3-16 所示。Shou 等通过在钢管尾部施加顶推力模拟钢管顶进的过程,探讨了钢管前方土体在钢管顶进过程的米塞斯应力变化规律,从而得出钢管顶进过程的影响区域。在本节中则考虑利用不同间距钢管下顶推力的指标来确定钢管顶进的影响区域。值得注意的是,在实际施工中,在一根管顶进完毕开始顶进下一根管之前,需要对顶进完毕的管的顶进精度进行量测并对顶管机进行移位,这一复杂的流程往往需要 12h 左右的时间来完成,因此在进行下一根钢管顶进时,可假定已顶进管与土体整体达到平衡状态,而无须考虑已顶进管对土层的动态影响。

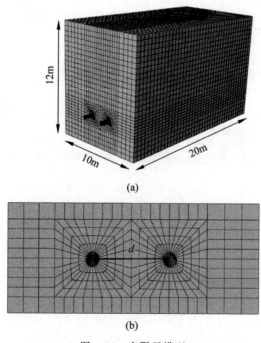

(a)

(b)

图 3-16　有限元模型

(a) 轴测图;(b) 正视图

　　其次,在相邻管圆心间距为 1.1D(450mm)的基础上,在顶管附近设置不同数量的已顶进管,研究顶管周围存在不同数量钢管时对顶推力的影响。设计工况如

表 3-2 所示。表 3-2 中⊗代表需要顶进的钢管,而○代表顶进完毕并存在于土体中的钢管。工况 1 为对照组,对应实际施工中试验管的顶进。

表 3-2 "顶推力的群管效应"工况设置

工 况 设 计	模 型 图	工 况 设 计	模 型 图
工况 1	⊗	工况 9	○⊗○○○
工况 2	⊗○○	工况 10	○⊗○○○
工况 3	⊗○○○	工况 11	⊗○○○○
工况 4	⊗○○○○	工况 12	○○⊗○○
工况 5	⊗○○○○○	工况 13	○○⊗○○
工况 6	⊗○○○○○○	工况 14	○○○⊗○
工况 7	○⊗○	工况 15	○○○○⊗
工况 8	○⊗○○		

3.7.2 钢管顶进间距对顶推力影响的数值结果

图 3-17 所示为不同间距下侧摩阻力的模拟结果。可以看出,随着管间距的增大,侧摩阻力呈现非线性减小的趋势。图中虚线为根据 3.5.1 节摩擦系数 $\mu=0.3$ 时由数值模拟结果得到的侧摩阻力(参照图 3-10)。同时,图中的百分数表示不同间距下侧摩阻力的增长率[(模拟结果−38.2)/38.2]。当管间距 $d \geqslant 3D$ 时,钢管顶进的间距对侧摩阻力的影响小于 5%,可以认为当钢管间距超过 3D 时,已顶入的钢管对正在顶入的钢管无影响,与文献[34]中提到的影响范围为 2D～3D 的结论一致。当管间距 $d<3D$ 时,已顶进管对正在顶进管的顶推力具有放大作用,故在进行顶管设计时,应考虑该放大作用的影响,避免在顶管阶段由于顶管机顶推力不足而出现管卡住的现象。

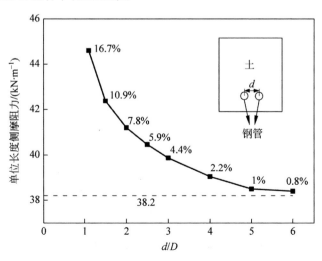

图 3-17 不同间距下侧摩阻力的模拟结果

3.7.3 "顶推力的群管效应"数值结果

在 3.7.2 节中分析了不同间距的两根钢管对顶推力的影响,得出顶入土体中的钢管对后续顶进钢管顶推力的影响范围。如果在影响范围内有不止一根钢管时,已顶进钢管对后续顶进钢管的影响必然会存在叠加效应。表 3-3 所示为表 3-2 的数值模拟结果。对比工况 1～工况 6、工况 7～工况 11 或工况 12～工况 14 可以发现,同一根钢管的顶推力随着周围顶进钢管数量的增加而增大,但增加趋势逐渐变缓。当已顶进管在顶进管一侧时,顶推力最大增长率为 28.7%;当已顶进管存在于顶进管两侧时,顶推力最大值达到 54.2kN,顶推力最大增长率为 41.9%。

表 3-3 "顶推力的群管效应"计算结果

工况设置	模型图	计算结果/kN	增长率/%
工况 1	⊗	38.2	0
工况 2	⊗○○	47	23.0
工况 3	⊗○○○	48.3	26.4
工况 4	⊗○○○○	48.96	28.2
工况 5	⊗○○○○○	49.05	28.4
工况 6	⊗○○○○○○	49.1	28.7
工况 7	○⊗○	49.2	28.8
工况 8	○⊗○○	50.9	33.2
工况 9	○⊗○○○	51.85	35.7
工况 10	○⊗○○○○	52.4	37.2
工况 11	○⊗○○○○○	52.4	37.2
工况 12	○○⊗○○	52.45	37.3
工况 13	○○⊗○○○	53.3	39.5
工况 14	○○⊗○○○○	53.7	40.6
工况 15	○○○⊗○○○	54.2	41.9

在顶管过程中,管土之间接触面摩擦应力的计算可以通过钢管轴向应力来反映。图 3-18 给出了工况 1 与工况 6 钢管轴向应力的对比。值得注意的是,由于数值模型中没有考虑端头阻力,故钢管轴向应力在 20m 处为 0。分析可知,两个工况下的钢管轴向应力呈现出相同的线性递减规律;工况 6 各点处的钢管轴向应力均大于工况 1 的结果。产生该现象的原因是:由于顶管周围存在已顶进管,已顶进管改变了其影响范围内土体的应力状态,Shou[34] 指出了在顶管阶段,顶管影响范围的土体米塞斯应力会增大,所以,在顶管影响范围内顶进新的钢管时,顶进钢管的顶推力必然会受到已顶进管的影响而增大。故在设计阶段,需要考虑钢管"顶推力的群管效应",以便得到更为准确的顶推力预测值。

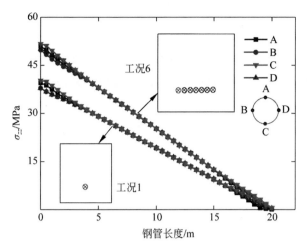

图 3-18 工况 1 和工况 6 钢管轴向应力对比

3.7.4 "群管效应"的实测验证

1. 顶推力实测验证

根据上述分析可知,在该工程中最大顶推力出现在顶进第⑬号钢管时,对应工况 11,将①、②以及⑬号管顶推力数据与表 3-3 中工况 1 和工况 11 的计算结果进行对比,如图 3-19 所示。可见,实测⑬号钢管顶推力数据稍大于数值模拟群管结果,且在数值模拟结果附近波动。需要说明的是,数值模拟结果假定端头阻力保持 125kN 不变,根据文献的研究结果,在实际顶进过程中,由于顶进速率、地层的不均匀性等不确定性因素的影响,端头阻力并不是一个恒定值,会出现在一定范围波动的情况。总体上看,实测数据与数值模拟结果吻合度较好,证明了在顶进过程中存在"顶推力的群管效应"。

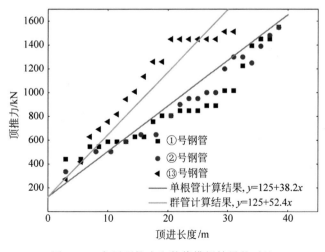

图 3-19 实测顶推力和数值模拟结果的对比

2. 侧摩阻力实测验证

在 3.6 节中,根据实测钢管应力反分析得到三组试验的单位长度侧摩阻力,由图 3-13 可以看出,第 1 组传感器(对应钢管为②)得到的 UF_s 最大值为 43kN/m,平均值为 38.24kN/m;第 2 组传感器(对应钢管为⑥)得到的 UF_s 最大值为 50.6kN/m,平均值为 46.36kN/m;第 3 组传感器(对应试验钢管⑧)得到的 UF_s 最大值为 46.1kN/m,平均值为 43kN/m。明显可以看出,第 2 组和第 3 组计算得到的 UF_s 值要大于第 1 组。第 1 组测得的平均值 38.24kN/m 与工况 1(见表 3-3)的计算结果一致。根据顶管的顺序,第 2 组测得的最大值 50.6kN/m 与表 3-3 中工况 5(49.05kN/m)和工况 6(49.1kN/m)的计算结果较吻合。这证明了在钢管顶进时确实存在"群管效应",同时也证明了数据模拟结果的正确性。

3.8　参数影响分析

在 3.7 节中,根据依托工程的管幕布置形式,对小净距水平布置的管幕顶推力进行了实测和数值研究。事实上,管幕结构的布置形式通常为"一"字形和拱形。当管幕结构为拱形布置时,拱形的设计半径会随着不同工程的建设规模的变化而变化。因此,在本节中为量化已顶进管对后续顶管的影响程度,以 2 根钢管为例,建立了考虑顶管埋深、管径、间距和角度对后续顶管顶推力和法向应力影响的数值模型。

3.8.1　数值模型的建立

为了提高计算效率和简化模型,建立的有限元模型中只考虑摩擦阻力。在该数值模型中,钢管"穿过"土层,如图 3-20 所示。管-土接触面摩擦系数 μ 取为 0.3。同样采用位移控制法,在管尾耦合点处沿 Z 方向施加 0.5m 位移荷载。仅选取粉细砂地层进行模拟,模型参数如表 3-1 所示。

3.8.2　工况设置

在土体保持不变的前提下,顶管之间的相互作用主要受顶管设计参数和布置形式的影响。图 3-21 给出了顶管埋深、管径、间距和角度的示意图。分析工况如表 3-4 所示。

表 3-4　参数分析工况表

工况类型	钢管直径/mm	间距(d/D)	角度/(°)	埋深/m	工况数量
类型 1	400	1.5,2,3,4	0,30,60,90,120,150,180	5,8,11,14	112
类型 2	600	1.5,2,3,4	0,30,60,90,120,150,180	8	28
类型 3	900	1.5,2,3,4	0,30,60,90,120,150,180	8	28

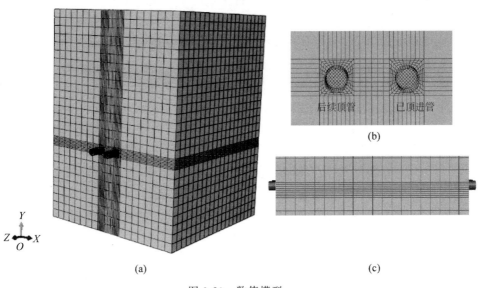

图 3-20 数值模型

（a）透视图；（b）正视图；（c）侧视图

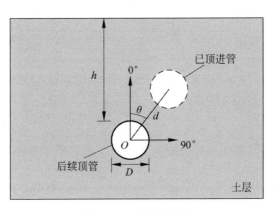

图 3-21 参数示意图

3.8.3 结果分析

在本节中，分别从埋深、管径、间距和角度入手，分析了已顶进管对后续顶管侧摩阻力和径向应力的影响。值得注意的是，将后文中给出的侧摩阻力增量定义为

$$\Delta F_s = F_s' - F_s \tag{3-3}$$

同时将侧摩阻力增长率定义为

$$\omega = (F_s' - F_s)/F_s \tag{3-4}$$

其中，F_s' 为后续顶管的侧摩阻力，F_s 为单管的侧摩阻力。

单管是指在钢管顶进过程中，周围没有已顶进管对其影响。同时，在进行对比分析过程中,需要保证单管与后续顶管的埋深一致。

1. 角度的影响

取管径 400mm、埋深 8m 的计算结果,图 3-22 给出了不同角度和间距下后续顶管的侧摩阻力增量曲线。其中,增量的正值代表侧摩阻力增大,负值代表侧摩阻力减小。结果表明:后续顶管侧摩阻力增量曲线与正态分布曲线相似,沿 90°轴近似对称分布。在 60°~120°范围内,后续顶管的侧摩阻力大于单管的侧摩阻力;而在 0°~60°和 120°~180°范围内,后续顶管的侧摩阻力小于单管的侧摩阻力。总之,与单管侧摩阻力相比,随着已顶管布置角度从 0°~180°的变化,后续顶管侧摩阻力呈现出"减小-增大-减小"的趋势。

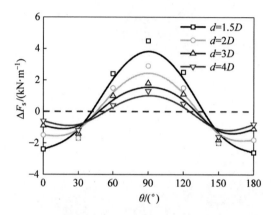

图 3-22　不同角度和间距下后续顶管的侧摩阻力增量曲线

为了解释后续顶管侧摩阻力在不同角度情况下增加或减小的原因,图 3-23 对不同角度下后续顶管与单管的径向应力进行了对比分析。可以看出,由于受已顶进管的影响,后续顶管的径向应力发生了改变。由于模型的高度对称性,在 0°、90°和 180°的情况下,后续顶管的径向应力分布与单根管道相似;而在 30°、60°、120°和 150°的情况下,由于模型的非对称性,后续顶管的径向应力分布是较为杂乱的。总体来看,在 0°、30°、150°和 180°的情况下,后续顶管的径向应力小于单管的径向应力,而在 60°、90°和 120°的情况下,后续顶管的径向应力大于单管径向应力。分析该结果,原因可能如下:

(1) 在垂直土压力大于水平侧压力的地层中,钢管会发生垂直压缩和水平拉伸的"椭圆化"变形。当已顶进管位于后续顶管的 0°、30°、150°和 180°位置时,已顶进管表现为承载作用,导致后续顶管的径向应力减小。

(2) 在 60°、90°和 120°的情况下,已顶进管表现出的承载效应消失,而代替为加载效应。在"椭圆化"变形的影响下,已顶进管与后续顶管相互挤压,导致后续顶管径向应力增大。

由图 3-23 可以看出,在 30°和 150°的情况下,后续顶管出现径向应力最小值,而在 60°、90°和 120°的情况下,后续顶管出现径向应力最大值。这是由于已顶进管

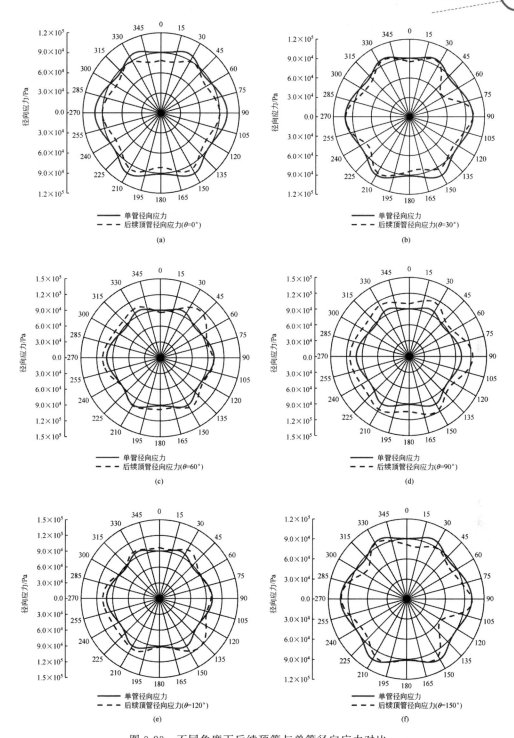

图 3-23 不同角度下后续顶管与单管径向应力对比

(a) $\theta=0°$；(b) $\theta=30°$；(c) $\theta=60°$；(d) $\theta=90°$；(e) $\theta=120°$；(f) $\theta=150°$；(g) $\theta=180°$

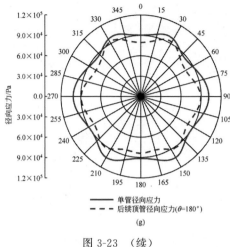

单管径向应力

后续顶管径向应力（θ=180°）

(g)

图 3-23 （续）

和后续顶管之间的综合相互作用造成的。图 3-24 分别给出了 30°、60°和 90°工况下已顶进管和后续顶管相互作用示意图。在 30°情况下（如图 3-24(a)），顶管中夹土位于已顶进管拱底，由于顶管变形的影响，中夹土产生向上位移的趋势。后续顶管的"椭圆化"变形对中夹土的位移影响不大，中夹土容易与后续顶管之间产生分离的趋势，从而产生最小径向应力。在 60°情况下（如图 3-24(b)），由于顶管的"椭

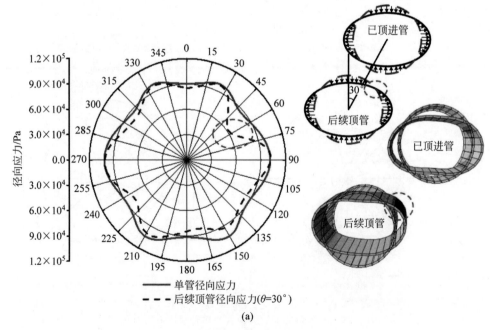

单管径向应力

后续顶管径向应力（θ=30°）

(a)

图 3-24 已顶进管和后续顶管相互作用示意图

(a) θ=30°；(b) θ=60°；(c) θ=90°

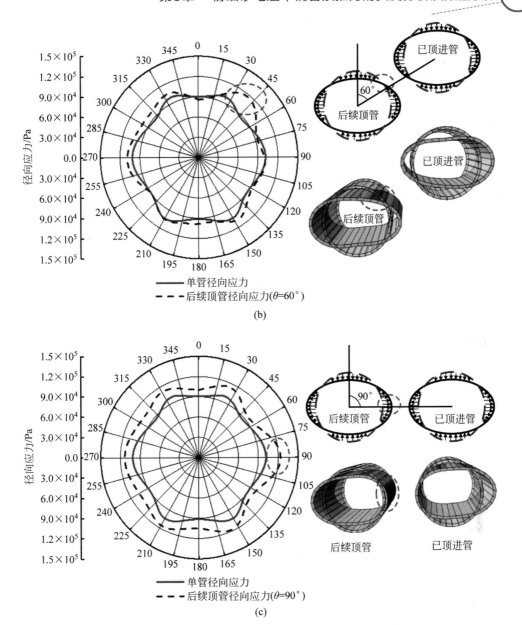

图 3-24　（续）

　　圆化"变形的影响,最大径向应力位置处的中夹土被顶管挤压,导致后续顶管出现最大径向应力。在 90°情况下(如图 3-24(c)),在已顶进管和后续顶管的共同"椭圆化"变形的作用下,中夹土被已顶进管和后续顶管相互挤压,最大径向应力出现在后续顶管的 90°位置处,且该最大径向应力大于其他工况。

　　总之,当已顶进管位于后续顶管不同角度位置时,会呈现出不同的力学机制。当已顶进管位于后续顶管 0°～60°和 120°～180°范围内时,已顶进管表现为承载机制,后续顶管的侧摩阻力小于单管的侧摩阻力。当已顶进管位于后续顶管 60°～120°范围内时,已顶进管表现为加载机制,后续顶管的侧摩阻力大于单管的侧摩阻力。

2. 间距的影响

在管径 400mm、埋深 8m 的情况下,不同间距和角度的后续顶管的侧摩阻力增量模拟结果如图 3-25 所示。不同角度下后续顶管的侧摩阻力增量沿 90°轴近似对称分布。因此,图 3-25 仅给出了 0°、30°、60°和 90°工况下的模拟结果。可以看出,随着间距的增大,后续顶管的侧摩擦阻力增量的绝对值逐渐减小并趋于收敛。0°工况下侧摩阻力增量绝对值的下降速度大于 30°工况的计算结果,说明了 0°工况下已顶进管的承载效果受间距的影响比 30°工况更为敏感。同时,图 3-25 还给出了后续顶管侧摩阻力的增长率。可以看出,当顶管间距为 $d > 3D$ 时,在 90°工况下,已顶进管对后续顶管的影响小于 5%。而在其他工况下,当顶管间距 $d > 2D$ 时,已顶进管对后续顶管的影响小于 5%。说明了在顶管施工过程中,顶管水平位置的影响最大。

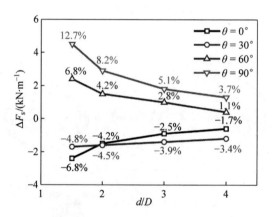

图 3-25 不同角度下后续顶管侧摩擦阻力增量和增长率与间距的关系

3. 埋深的影响

取顶管直径为 400mm,不同埋深和角度下,后续顶管侧摩阻力增量和增长率的计算结果随间距的变化曲线如图 3-26 和图 3-27 所示。同样,仅给出了 0°、30°、60°和 90°工况下的计算结果。可以看出,随着埋深的增加,后续顶管的侧摩阻力增量的绝对值注浆增大。值得注意的是,埋深对后续顶管的侧摩阻力增长率没有显著影响。可以认为,随着埋深的增加,摩擦阻力的增长率保持不变。当顶管间距分别为 1.5D、2D、3D 和 4D 时,0°工况下侧摩阻力的增长率分别为 −6.67%、−4.24%、−2.46% 和 −1.69%;30°工况下侧摩阻力的增长率分别为 −4.81%、−4.59%、−3.88% 和 −3.36%;60°工况下侧摩阻力的增长率分别为 6.75%、4.22%、2.7% 和 1.3%;90°工况下侧摩阻力的增长率分别为 12.55%、8.22%、5.12% 和 3.59%。因此,埋深对后续顶管的侧摩阻力增量有影响,而对侧摩阻力增长率没有影响。

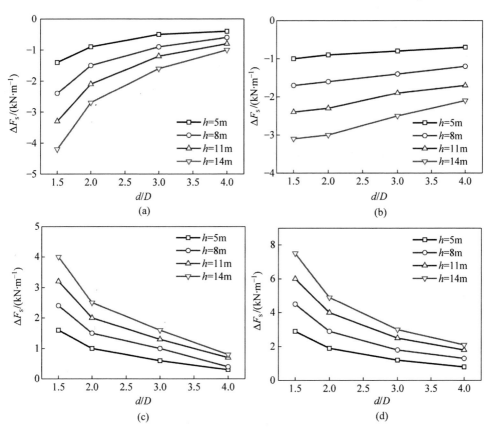

图 3-26　不同埋深和角度下后续顶管侧摩阻力增量与间距的关系

(a) $\theta = 0°$；(b) $\theta = 30°$；(c) $\theta = 60°$；(d) $\theta = 90°$

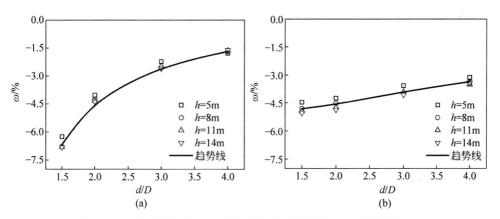

图 3-27　不同埋深和角度下后续顶管侧摩阻力增长率与间距的关系

(a) $\theta = 0°$；(b) $\theta = 30°$；(c) $\theta = 60°$；(d) $\theta = 90°$

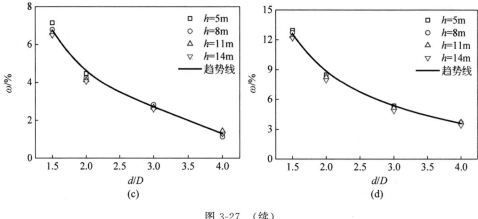

图 3-27 （续）

4. 直径的影响

取顶管埋深为 8m，图 3-28 和图 3-29 给出了不同间距、管径和角度下后续顶管侧摩阻力增量和增长率曲线。结果表明，随着钢管直径的增大，后续顶管侧摩阻力增量的绝对值在增大。而在相同间距和角度下，不同管径的侧摩阻力增长率基本保持不变。当顶管间距分别为 $1.5D$、$2D$、$3D$ 和 $4D$ 时，0°工况下侧摩阻力的增长率分别为 -6.9%、-3.88%、-2.43% 和 -1.55%；30°工况下侧摩阻力的增长率分别为 -4.79%、-4.59%、-3.89% 和 -3.31%；60°工况下侧摩阻力的增长率分别为 7.3%、4.99%、2.77% 和 1.3%；90°工况下侧摩阻力的增长率分别为 12.5%、8.88%、5.44% 和 3.96%。该计算结果与不同埋深下给出的结果较为接近。说明了已顶进管和后续顶管之间的间距和角度对后续顶管侧摩阻力增长率有影响，而埋深和管径对后续顶管侧摩阻力增长率没有影响。因此，在顶管间距和角度确定的前提下，可以根据单管侧摩阻力来预测后续顶管的侧摩阻力。

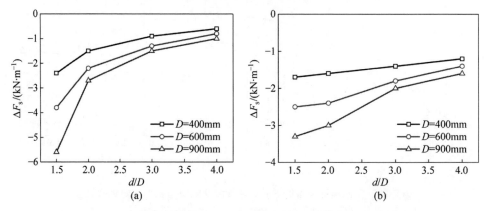

图 3-28 不同管径和角度下后续顶管侧摩阻力增量与间距的关系

(a) $\theta=0°$；(b) $\theta=30°$；(c) $\theta=60°$；(d) $\theta=90°$

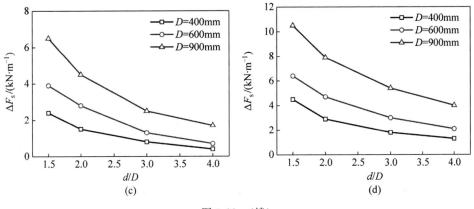

图 3-28 （续）

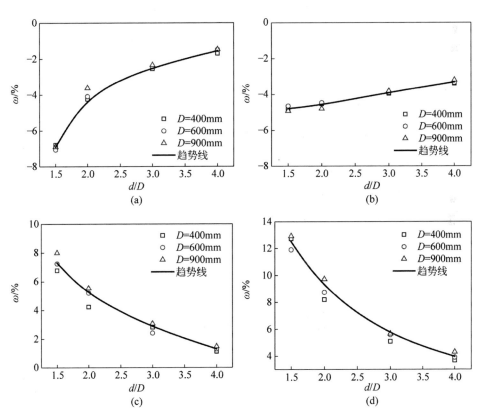

图 3-29 不同管径和角度下后续顶管侧摩阻力增长率与间距的关系

（a）$\theta=0°$；（b）$\theta=30°$；（c）$\theta=60°$；（d）$\theta=90°$

3.8.4　后续顶管侧摩阻力增长率的函数拟合

在 3.8.3 节中,通过间距、埋深、角度和管径等参数对后续顶管侧摩阻力增量和增长率的影响进行了详细的分析,并得到了一些有实际意义的结论,可为管幕法的设计提供依据。随着埋深和管径的增加,后续顶管侧摩阻力增量的绝对值逐渐增大,然而,侧摩阻力增长率在很小范围内波动,可视为常数。后续顶管的侧摩阻力可表示为

$$F'_s = (1+k)F_s \tag{3-5}$$

其中,k 为后续顶管侧摩阻力增长率,是间距和角度的函数,可表示为

$$k = k(d, \theta) \tag{3-6}$$

在本节中,提出了不同角度下后续顶管侧摩阻力增长率与间距的拟合函数关系,如图 3-30 所示。同时考虑了不同角度计算结果的对称性,图 3-30 只给出了 0°、30°、60°和 90°的拟合函数。在该拟合函数中,为了考虑顶管的有限影响范围,假定当 $d > 10D$ 时,已顶进管和后续顶管之间无相互作用,即后续顶管侧摩阻力增长率

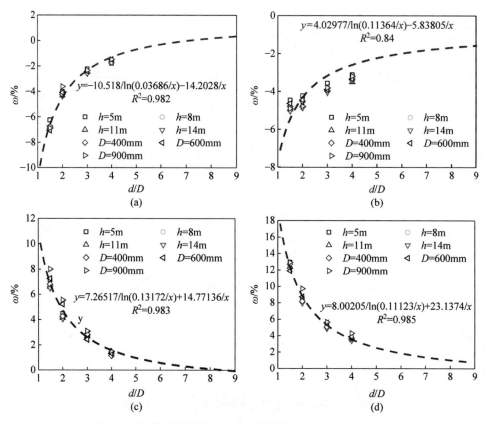

图 3-30　后续顶管侧摩阻力增长率与管径和埋深的拟合函数

(a) $\theta = 0°$; (b) $\theta = 30°$; (c) $\theta = 60°$; (d) $\theta = 90°$

为 0。0°、30°、60°和 90°的函数拟合结果与数值结果较为一致,并且计算得到的相关系数 R^2 分别为 0.982、0.84、0.983 和 0.985。

在前文介绍的依托工程中,顶管管径为 402mm,顶管间距为 450mm(1.1D)。根据图 3-30 给出的拟合函数,③号钢管的侧摩阻力增长率为 17.5%,而实测得到的增长率为 16.5%。上述两个结果较为一致。证明了该拟合函数可以预测后续顶管的侧摩阻力增长率。因此,在确定后续顶管角度和间距的情况下,可以通过该拟合函数预测后续顶管侧摩阻力增长率,并根据单管侧摩阻力计算得到后续顶管侧摩阻力。

第 4 章

下穿既有地铁运营
隧道微变形控制技术

本章以北京地铁 8 号线木—大区间下穿既有 10 号线盾构区间工程为依托,阐述管幕法在超近距下穿既有盾构隧道中的应用,并对既有线的变形进行现场实测,分析管幕法施工中土层参数、钢管直径、顶管顺序、注浆加固和开挖进尺等因素对管幕上方地层的扰动影响;在施工现场进行了管幕钢管顶进试验,并通过在试验钢管上方布设多点位移计来监测土层变形,以及结合数值模拟对顶管施工中地层的扰动进行评价;采用数值模拟方法建立三维有限差分模型,对管幕法施工和隧道开挖过程进行模拟,研究管幕和隧道施工地层扰动机理。

4.1 工程背景

4.1.1 工程概况

北京地铁 8 号线土建工程木—大区间正线下穿既有 10 号线盾构区间、既有 10 号线大红门站 C2 出入口,穿越工程位于凉水河与新建大红门站之间,沿南苑路方向自北向南施工。地铁 10 号线大红门—石榴庄区间(以下简称"大—石区间")。既有隧道和新建隧道的空间位置关系如图 4-1~图 4-3 所示。

大—石区间为既有盾构区间,左右线间距 17m,里程范围为 K32+217.251~K33+293.116,全长 1075.865m。衬砌环外径为 6m,内径为 5.4m,管片宽度为 1.2m,管片厚度为 0.3m。混凝土为 C50 高强混凝土,抗渗等级 S10。钢筋为 HPB235 和 HRB335,钢材为 Q235 钢。连接螺栓为强度等级 8.8 级的高强度螺栓。隧道顶标高 27.45m,平均覆土厚度 11.1m。结构的安全等级为一级,抗震设防烈度为 8 度,抗震设防等级为三级,人防等级为五级,耐火等级为一级,防水等级为二级。管片混凝土最大允许裂缝宽度为 0.2mm,管片主筋净保护层:临土侧为 40mm,非临土侧为 35mm。施工前的检测评估显示,无管片露筋、孔洞、疏松、掉块、

图 4-1 既有隧道与新建隧道位置透视图(有彩图)

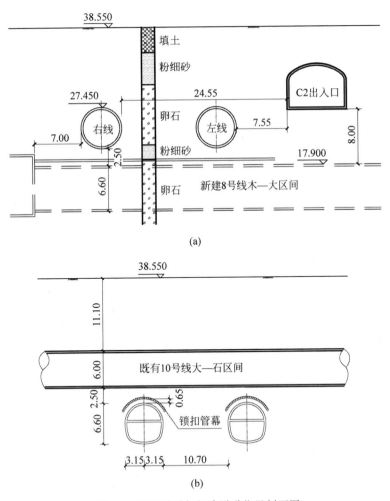

图 4-2 既有隧道与新建隧道位置剖面图

(a)纵剖面图;(b)横剖面图

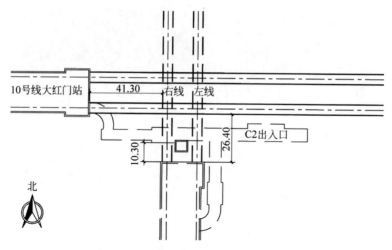

图 4-3 新建隧道与既有线位置平面图

膨胀胶条异常、错台超限与蜂窝麻面等现象,螺栓连接牢靠,既有结构性能基本完好。

新建地铁 8 号线木—大区间隧道采用矿山法暗挖。左右线间距 17m,马蹄形断面。下穿既有 10 号线盾构区间里程范围为 K37+385.774~K37+408.774,共 23m。隧道断面宽度为 6.3m,高度为 6.6m,下穿区间长度 43m,距离既有区间最近处 2.5m。新建隧道顶至既有盾构隧道底距离为 2.505m,为特级风险工程。

4.1.2 工程地质及水文地质

1. 工程地质

根据《北京地铁 8 号线三期工程 01 合同段岩土工程木樨园桥南站—大红门站区间岩土工程详细勘察报告》,木—大区间施工范围内,按成因年代由上而下依次为:杂填土①层、粉质黏土填土①1 层、粉土填土①2 层、粉质黏土②层、粉土②2 层、粉质黏土③层、粉土③2 层、粉细砂③3 层、细中砂③4 层、圆砾/卵石③6 层、粉质黏土④层、粉土④2 层、粉细砂④3 层、卵石⑤层、粉细砂⑤3 层、粉质黏土⑤4 层、粉质黏土⑥层、粉土⑥2 层、粉细砂⑥3 层、卵石⑦层、细中砂⑦2 层、粉细砂⑦3 层、粉土⑧2 层、卵石⑨层、细中砂⑨2 层。木—大区间施工范围内地层主要为卵石⑤层,与既有线之间的主要夹层土为粉细砂⑤3、卵石⑤层,易坍塌,应加强预支护和预加固。

地勘报告对隧道围岩指定分级为Ⅵ级,各土层分布状态及其物理力学参数如表 4-1 所示。

2. 水文地质

穿越工程地层主要赋存三层地下水。地下水类型分别为上层滞水(一)、潜水(二)及层间潜水(三),各层地下水详细情况如下。

表 4-1　岩土物理力学参数表(括号内为经验值)

土层编号	土层名称	天然容重	黏聚力 c_{cu}	摩擦角 $\varphi_{cu}/(°)$	垂直基床系数 K_v	水平基床系数 K_x	静止侧压力系数 K_0
①	杂填土	(16.0)	(0)	(8)	—	—	—
①₁	粉质黏土填土	(16.5)	(8)	(6)	—	—	—
①₂	粉土填土	(16.0)	(8)	(10)	—	—	—
②	粉质黏土	(19.0)	(15)	(8)	(18)	(15)	(0.47)
②₂	粉土	19.3	(10)	(15)	(15)	(15)	(0.47)
③	粉质黏土	19.3	(20)	(10)	(40)	(35)	(0.43)
③₂	粉土	19.5	(10)	(20)	(30)	(35)	(0.43)
③₃	粉细砂	(20.0)	(0)	(30)	(35)	(35)	(0.41)
③₄	细中砂	(20.0)	(0)	(35)	(35)	(40)	(0.39)
③₆	圆砾/卵石	(21.0)	(0)	(35)	(50)	(45)	(0.28)
④	粉质黏土	19.8	(25)	(10)	(45)	(40)	0.38
④₂	粉土	19.7	(10)	(20)	(45)	(45)	(0.35)
④₃	粉细砂	(20.0)	(0)	(35)	(45)	(45)	(0.41)
⑤	卵石	(21.0)	(0)	(45)	(75)	(70)	(0.25)
⑤₃	粉细砂	(20.0)	(0)	(35)	(45)	(45)	(0.39)
⑤₄	粉质黏土	(19.0)	(25)	(15)	(45)	(40)	(0.47)
⑥	粉质黏土	18.9	(25)	(15)	(40)	(40)	(0.47)
⑥₂	粉土	19.4	(10)	(25)	(45)	(45)	(0.43)
⑥₃	粉细砂	(20.2)	(0)	(35)	(45)	(45)	(0.39)
⑦	卵石	(21.0)	(0)	(45)	(85)	(80)	(0.22)
⑦₂	细中砂	(20.5)	(0)	(35)	(45)	(50)	(0.35)
⑦₃	粉细砂	(20.2)	(0)	(35)	(45)	(45)	(0.39)
⑧₂	粉土	19.1	(10)	(25)	(45)	(45)	(0.43)
⑨	卵石	(21.5)	(0)	(45)	(85)	(80)	(0.22)
⑨₂	细中砂	(20.5)	(0)	(35)	(45)	(50)	(0.35)

　　上层滞水(一):根据场区地层情况及往年勘察资料,该层地下水存在于局部地段,含水层岩性为粉土②₂层以及局部填土层。该层水分布不连续,透水性较差,主要接受大气降水、绿化灌溉等垂直补给,以蒸发、侧向径流、向下越流补给的方式排泄。

潜水(二)：根据相邻工点对该层水的揭露情况,该层水分布不连续,含水层岩性主要为圆砾/卵石③₆层、细中砂③₄层。该层水主要接受侧向径流及越流补给,以侧向径流及向下层越流的方式排泄。

层间潜水(三)：含水层岩性主要为卵石⑤层、卵石⑦层及卵石⑨层,根据2012年12月观测资料,水位标高为16.02~16.72m,水位埋深为19.80~22.50m。该含水层部分区段也因黏性土⑥层及⑧层的存在而表现为有一定的承压性,主要接受侧向径流及越流补给,以侧向径流和人工开采的方式排泄。

其中,影响木—大区间工程施工的地下水主要为层间潜水(三),如图4-4所示。管幕结构在上导洞,由于隧道施工引起的地下水的流失使靠近人防掌子面位置的水位有所降低,管幕法施工基本上处于无水环境。

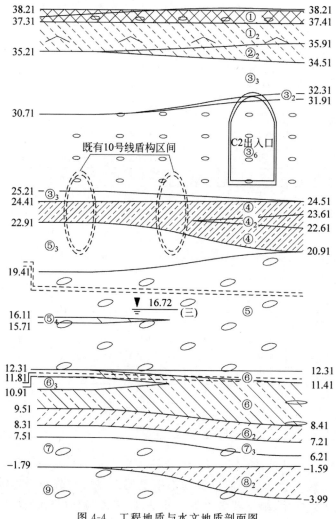

图4-4 工程地质与水文地质剖面图

4.1.3　既有线变形控制标准

为保证既有地铁正常运营,轨道静态几何尺寸容许偏差应满足北京市地铁运营有限公司企业标准[QB(J)/BOY(A)XL003—2015]《北京地铁工务维修规则》规定的整体道床线路综合维修管理标准。根据评估报告,结合工程实际特点,依据现有常规测量仪器的监测精度,综合地铁运营安全要求及变形预测结果,在木—大区间正线穿越风险工程施工段开挖期间,确定既有大—石盾构区间结构静态沉降变形控制值为3mm,竖向上浮变形控制值为2mm;根据管幕试验段的情况,确定了管幕法施工周围地层的沉降和隆起控制值为1mm,并将控制值的80%作为报警值,70%作为预警值。控制指标见表4-2。

表4-2　轨道结构变形监测控制指标　　　　　mm

监测对象	监测项目	预警值	报警值	控制值
轨道结构	竖向上浮	1.4	1.6	2.0
	竖向沉降	2.1	2.4	3.0
隧道结构	竖向上浮	1.4	1.6	2.0
	竖向沉降	2.1	2.4	3.0
管幕法施工变形	竖向上浮	0.7	0.8	1.0
	竖向沉降	0.7	0.8	1.0

新建隧道施工应主要考虑层间潜水(三)的突涌水引起的地层沉陷、既有结构竖向位移。此外,由于既有线穿透粉质黏土④层,还需预防雨季施工时附近凉水河的渗透水影响。

4.2　工程施工方案

新建隧道施工主要是在砂卵石地层中进行。该处砂卵石地层的特点是:埋深大,砂卵石致密,卵石含量多,含大粒径卵石,含水量丰富。由于新建隧道埋深大,所处地理环境特殊,不允许地面降水,因此给隧道施工带来了巨大的挑战。

该工程为北京地区首例矿山法隧道近距离下穿既有运行盾构区间隧道,属特级风险源。既有10号线处于正常运营状态,对于隧道变形控制非常严格,要求穿越施工引起的既有线沉降不超过3mm、隆起不超过2mm,且施工期间既有线不停运、不减速。因此施工过程中需要严格监测和控制对周围土层的扰动。

为避免隧道施工引起的围岩过大变形,保障既有线的运营安全,下穿既有结构拟采用增设临时仰拱和"锁扣管幕预支护体系"加固措施。利用沿隧道开挖外轮廓布置管幕具有的拱形结构支护效果,同时结合袖阀管的跟进注浆,在开挖轮廓线外可形成一类似拱壳的连续加固体,能很好地控制围岩变形,提高洞室开挖稳定性,避免塌方等恶性事故发生。

4.2.1　施工方案设计

鉴于北京地铁 8 号线木—大区间下穿 10 号线既有盾构区间工程施工环境的特殊性,采用传统的管幕法施工工艺很难满足施工和沉降控制要求,需要选择合适的施工工艺并适当改进。考虑到管幕距离既有线净距不足 2.5m,为保证施工安全,选用小直径管幕;考虑地层埋深大,砂卵石致密、胶结差,设计采用螺旋钻孔顶管法;考虑既有线对地层变形控制严格,设计采取全断面注浆控制地层位移。

最终形成"锁扣管幕＋全断面深孔注浆"施工方案,即在隧道上导洞距离拱顶 0.5m 处顶进 29 根 ϕ299mm 钢管,钢管之间通过锁扣进行连接,形成一拱状的预支护结构,同时在钢管上安装袖阀管,顶管施工过程中注入润滑减阻材料,顶管施工完成后注浆加固土体。管幕法施工完成后在管幕的支护作用下对开挖面进行全断面深孔注浆,随后进行隧道的恰当开挖,施工方案如图 4-5 所示。

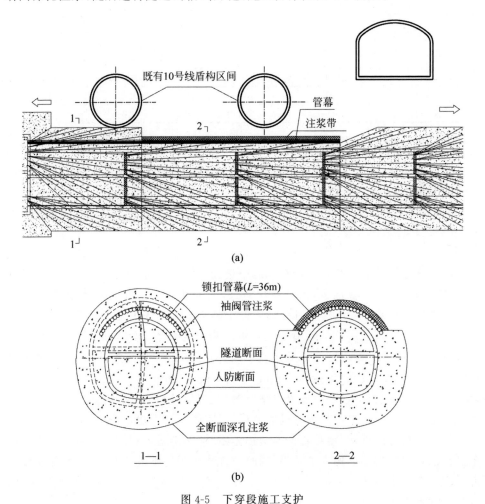

图 4-5　下穿段施工支护

(a) 纵剖面图;(b) 横剖面图

管幕法施工过程中,钢管中间安装螺旋出土器,管幕法施工以外管顶进为主,管内螺旋出土为辅,顶进过程通过螺旋出土油缸与顶进油缸协调完成,以此来控制土压平衡。管幕螺旋钻顶管结构如图4-6所示。

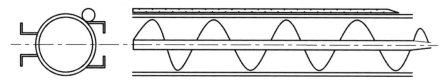

图4-6　管幕螺旋钻顶管结构

全断面深孔注浆法是下穿既有结构常用的一种工法,但是全断面注浆也存在一定弊端:注浆扩散范围难以精确控制,浆脉走向具有不确定性,砂卵石地层注浆质量不易保证。因此,仅仅采取全断面注浆方案极有可能造成上方土层局部隆起或不均匀沉降,严重威胁既有线的正常运行。采用"锁扣管幕＋全断面深孔注浆"方案可以很好地避免这些问题的发生。锁扣管幕作为一种超前预支护结构,既可以控制土层的沉降变形、减少新建隧道开挖引起的土层扰动,又可以很好地控制全断面注浆施工浆液的扩散范围,减少地层不均匀变形,可为既有线的安全运行提供良好的保证。

4.2.2　施工设备及参数

1. 顶管设备

管幕法施工采用北京首尔机械公司提供的SR-200型顶管钻机,钻机主泵站由电机传输动力到油缸体。钢管依靠大油缸顶进,每顶进80cm增加垫块,顶进6m后进行接管施工。螺旋钻取土依靠小油缸,行程为30cm,如图4-7所示。施工过程中钻头位置通过小油缸的行程来控制,钢管顶进由大、小油缸协同完成。钢管内钻头与钢管前缘之间的偏差控制在150mm以内。

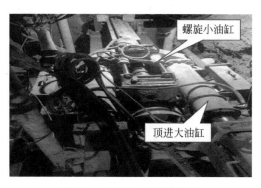

图4-7　SR-200型顶管钻机

取土器选择外径比钢管内径小、叶片高度大于最大卵石粒径的螺旋钻,工作时通过钻杆带动螺旋叶片进行削土和出土施工。考虑砂卵石地层的可钻性较差,钻头采用双侧带爪钻头,见图 4-8(a)。

管幕钢管呈拱形密排,现场采用可调节高度的钢支架对钢管顶进的位置进行调节,见图 4-8(b)。

(a)   (b)

图 4-8 顶管端部实图
(a) 钻头;(b) 定位设备

2. 支护结构

锁扣管幕通过在钢管侧面焊接锁扣而成,钢管采用 ϕ299mm×10mm 热轧无缝管,锁扣材料为 63mm×40mm×5mm 角钢,与钢管焊接牢靠,构件实物见图 4-9(a)。袖阀管采用 ϕ51mm 无缝钢管,长度与钢管相同,并与钢管锁扣焊接牢固;袖阀管溢浆孔采用电钻钻孔,孔距为 50cm,钻孔完成后采用刮板对孔位毛刺进行清理,以确保内壁光滑;溢浆孔部位安装橡皮套,前端采用管箍将橡皮套与钢管固定牢固,以防止顶进过程中橡皮套移位,见图 4-9(b)。

(a)   (b)

图 4-9 构件实图
(a) 锁扣管幕;(b) 袖阀管

管幕设计为沿隧道断面初支轮廓线外侧 650mm 处布置,管间距为 350mm,管幕支护及构件大样图见图 4-10、图 4-11。根据穿越段里程和操作空间,管幕长度取

36m，分 6 段施工，为保证各段焊接面不在同一个断面上，每段长度 5.5～6.5m 不等，共计 44 根。

图 4-10　管幕支护

（a）施工前；（b）施工后

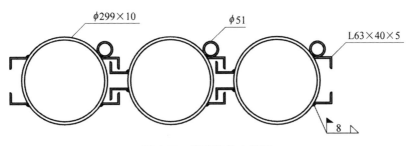

图 4-11　管幕构件大样图

3. 测量设备

管幕法施工的成孔质量是在测量设备的跟踪检测下完成的。钢管顶进过程中随时观测导向光源，发现偏转及时采取纠偏措施，确保管幕法施工末端偏差控制在 ±150mm 以内，管幕轴向偏差小于 50mm；完成顶进后，使用经纬仪和灯光互相验证检测施工角度。管幕法施工引起的既有结构变形则通过对布设在既有线上的监测点进行自动化或人工测量来完成。

4.2.3　管幕法施工工艺

对于矿山法施工隧道下穿变形反应敏感性较高的运营盾构隧道，且施工范围内围岩地质条件不佳的地段，本工程中采用锁扣管幕超前预支护在国内尚属首例。在同步导向测量纠偏装置的检测配合下，通过顶推设备将 ϕ299mm 的钢管依次推入地层，记录施工中的顶进压力、旋转轴力、出土量、袖阀管注浆情况，同步进行质量检测记录，通过测量数据对管幕法施工的整体效果进行评价，从而形成一整套系统完整、可操作性强、技术含量高的技术成果。具体管幕法施工工艺流程见图 4-12。

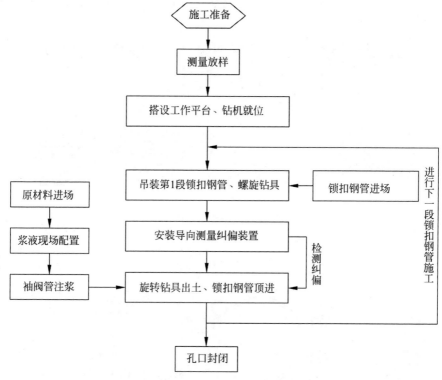

图 4-12　管幕法施工流程

4.2.4　顶管施工工艺

1. 施工前的准备工作

（1）顶管中的全套设备，包括钻机、注浆机、角度探测棒、经纬仪、动力和照明设备等，应在检查合格后方可进入施工现场。

（2）为确保顶管安全，对后背墙土体进行加固处理；为防止顶管机失稳，在钻机平台搭设前对地基作平整和加固处理；为防止顶管时端头位移，对管幕法施工孔位上下各 50cm 范围土体进行预注浆加固。

（3）顶管前做好可能的渗漏水止水方案及卡钻处理方案。

（4）正式施工前根据地层情况和工程设计做好顶管实验，以便在实际施工中进一步调整各项参数。

（5）顶管施工人员、测量人员和记录人员全部到场。

2. 顶管施工控制要素

在顶管施工对既有线变形的诸多影响因素中，钢管顶推力、土体扰动变形和注浆参数占主要部分。

1）钢管顶推力控制

如前所述，针对顶管施工引起的管土相互作用问题，国内外提出了多种摩阻力理论计算公式。本章中将总顶推力 F 表示为管壁阻力 F_1 和端头阻力 F_2 之和(如图 4-13 所示)。

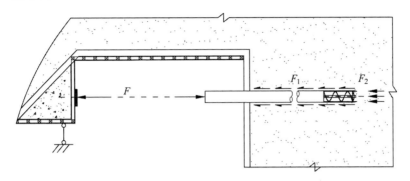

图 4-13 顶管示意图

(1)管壁阻力 F_1。钢管顶管摩阻力与钻孔方式、钢管材料、管壁粗糙度、围岩压力、土颗粒成分及注浆浆液性质等相关。

(2)端头阻力 F_2。考虑施工过程中螺旋钻具对前方土体的扰动,顶管端头阻力为与管口尺寸、端头扰动土特性相关的函数。

2)土体扰动变形控制

管幕法施工对土体的扰动主要由钻具切削土和钢管挤压土引起,一方面由于开挖土体,导致应力释放,从而产生土体松弛,使水平应力减小;另一方面由于顶进机械顶推力的作用使水平应力增加。当这两方面引起的应力变化能够维持动态平衡时,顶进施工对围岩土体的扰动最小。土体扰动大致可以划分为五个区:未扰动区①、卸荷扰动区②、剪切扰动区③、挤压扰动区④和剪切扰动区⑤,当采用袖阀管注浆时,管幕外剪切扰动区⑤还包括由于注浆对土体的填充或加固影响,如图 4-14 所示。

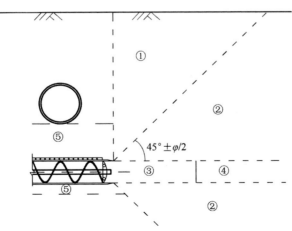

图 4-14 管幕法施工扰动分区示意图

3）袖阀管注浆参数控制

袖阀管注浆一方面可减小管壁与土体之间的摩擦系数，改善摩阻力；另一方面可以起到充填孔隙，提高地层承载能力的作用。因此可根据具体施工要求选择合理配比的浆材。目前，工程上常利用膨润土特有的润滑性，通过掺入混合料由现场实验调制浆液配比，优化注浆参数。

3. 顶管施工精度控制

精度控制是锁扣管幕的施工难点之一。钢管顶进过程中，施工钢管与成孔钢管锁扣间存在一定的偏转间隙。该偏转间隙的存在使得施工钢管易发生偏转，施工钢管的位置与设计位置发生偏差，公母锁扣之间发生相互作用力，若不及时纠正，可能会发生侵线、公母脱扣等现象。小口径锁扣管幕法施工采用面向角导向方法及时进行角度纠偏，确保钢管顶进精度。

所谓面向角导向是采用导向设备对钢管顶进进行预导向或预控制，根据成孔钢管的面向角及倾角变化情况，对施工钢管的角度及方位变化进行判断和定位。若需要施工钢管逆时针偏转，则应及时在锁扣位置处加垫块（见图 4-15），以阻止其顺时针偏转。采用此方法，可提高整个施工的控制精度，保证相邻钢管间的锁扣咬合及整个管幕钢管的打设精度，避免侵线事故的发生。

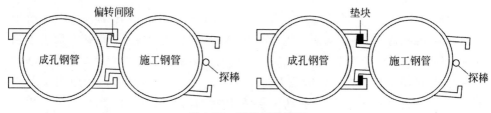

图 4-15　顶管纠偏措施

4.3　管幕法施工扰动效应现场试验

1. 监测点布置

为了能够直观地反映管幕法施工过程对周围岩土产生的扰动影响，在试验管正上方由地表向下打孔安装多点位移计，布置 6 个监测点，监测点间距 0.5m，由底向上顺序编号，其中最底部监测点距离试验钢管顶端 0.5m。监测点由下至上依次编号分别为 A、B、C、D、E、F。设计孔位及监测点如图 4-16 所示。

2. 试验结果及分析

试验管幕法施工过程中，通过多点位移计监测土层位移。各监测点位移统计结果见图 4-17。距离管幕上方 0.5m 处的监测点 A 沉降值为 0.014mm，根据工程经验，可知该点沉降值过小，与实际不符，故将此点按照离散点处理。管幕法施工过程中各监测点扰动总位移曲线及其趋势线见图 4-18。

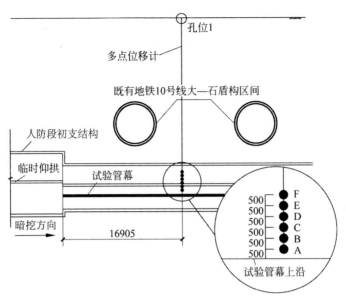

图 4-16　设计孔位及监测点纵剖面图

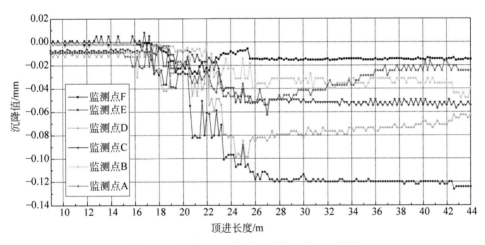

图 4-17　监测点随钢管顶进沉降曲线(有彩图)

由沉降曲线分析可知,钢管顶进至监测点下方附近时,开始对地层产生扰动,扰动主要以土层沉降为主,土层沉降随钢管顶进持续增加,继续顶进10m后各位移监测点的沉降趋于稳定。监测点 B 为试验管幕引起的地层变形影响最大位置,最大沉降值为 0.12mm。距离钢管正上方高度超过 2m 时,最终沉降已不足0.04mm。

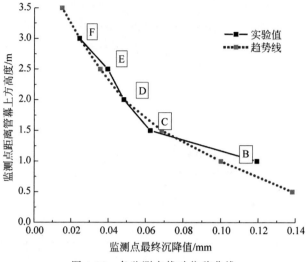

图 4-18　各监测点扰动位移曲线

4.4　既有线变形监测

4.4.1　既有线变形监测方案

根据新建工程与既有地铁的平面位置关系,将轨道结构竖向变形自动化监测仪器布设在新建暗挖区间下穿既有 10 号线地铁区间影响范围内,每隔 10～20m 布设一个监测点,共需要 18 个静力水准点,布设平面图如图 4-19 所示。为了不影响地铁列车的正常运营,监测点布设在道床排水沟内。

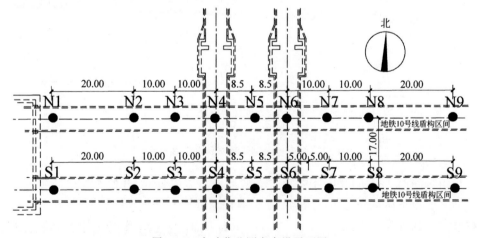

图 4-19　自动化监测点布设平面图

既有内部隧道结构变形采用人工监测的方法。根据新建工程与既有地铁的平面位置关系,在新建暗挖区间下穿既有 10 号线地铁区间影响范围内布设 9 个监测断面,每个断面在隧道结构侧墙布设监测点,共布设了 36 个隧道结构竖向变形监测点。监测点平面布置见图 4-20。监测频率为每两天一次。

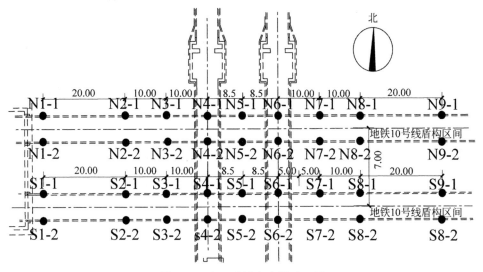

图 4-20 人工监测点布设平面图

4.4.2 既有线变形监测结果

1. 自动化监测结果

由于监测点较多,而距离 8 号线新建隧道轴线较远的监测点沉降值较小,自动化监测结果离散性较大,故取新建隧道下穿 10 号线的交叉穿越正上方位置四个沉降明显的自动化监测点 N4、N6、S4、S6 进行竖向变形分析,下穿施工全过程中四个位移监测点的累积沉降曲线如图 4-21~图 4-24 所示。

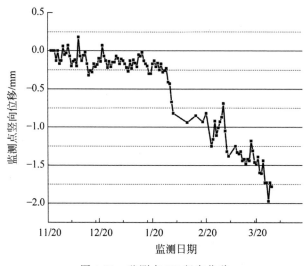

图 4-21 监测点 N4 竖向位移

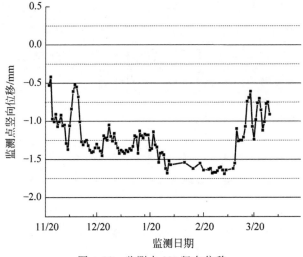

图 4-22 监测点 N6 竖向位移

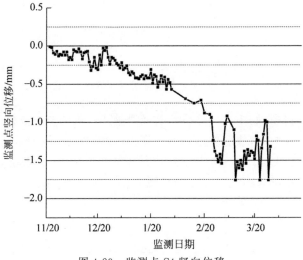

图 4-23 监测点 S4 竖向位移

采用背后补偿注浆可以补偿地层松散变形、减小施工造成的上部土层沉降、抬升已发生沉降的地层。在 8 号线新建隧道下穿 10 号线隧道的施工过程中,施工单位根据第三方监测反馈的既有线隧道和轨道结构的竖向变形值,进行了多次背后补偿注浆,一旦发现既有隧道结构沉降增长趋势大或者沉降接近预警值时,马上采取在既有线下方进行背后补偿注浆的措施。监测点 N4、N6、S4、S6 的竖向沉降曲线中,监测点竖向沉降减小的过程即为在管幕下方进行背后补偿注浆抬升地层的过程,可见在管幕支护结构的保护下进行背后补偿注浆可有效地补偿地层损失,抬升沉降较大的地层。

背后补偿注浆最大的问题就是浆液扩散的不确定性,如果不有效控制浆液的扩散范围,有可能导致浆液侵入上部既有隧道结构,或者出现浆液扩散不均匀等问

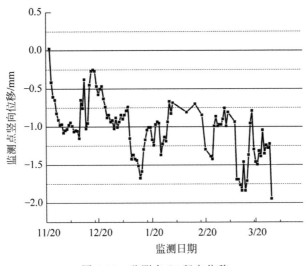

图 4-24　监测点 S6 竖向位移

题,造成既有结构沉降不均匀,严重的甚至会对既有结构造成破坏,影响既有线的安全运行。该工程中由于管幕预支护结构的存在,浆液的扩散范围会得到有效控制,背后注浆不会发生侵线和造成上部结构不均匀沉降的情况,有效地发挥了背后补偿注浆的补偿地层松散变形、快速抬升地层的优点。

施工全过程中,四个位移监测点的沉降均未超过 3mm,隆起均未超过 2mm,满足沉降控制要求。

2. 人工监测结果

人工监测点累积沉降和自动化监测点有着相似的规律,全过程最大沉降和隆起均不超过竖向位移限值。新建线施工完成后,北线和南线的最终竖向位移见图 4-25 和图 4-26。

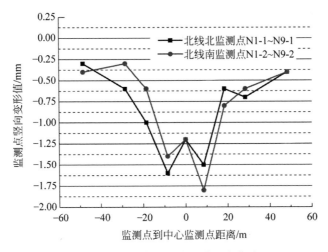

图 4-25　北线各监测点最终竖向位移

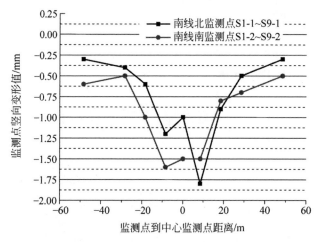

图 4-26 南线各监测点最终竖向位移

图 4-25 和图 4-26 中北线北、北线南、南线北、南线南四条土层沉降曲线与数值模拟计算结果具有相似的规律性,与 peck 沉降槽理论较为相似。新建隧道正上方的监测点在沉降槽曲线中均为沉降极大值点。

既有线内布置的人工监测点竖向沉降均未超过 3mm,隆起均未超过 2mm,满足沉降控制的要求。

4.5 管幕法施工敏感性分析

4.5.1 数值计算模型的建立

管幕法施工中引起周围土层扰动的因素众多,管幕法施工所处地层参数、管幕钢管顶进技术参数和管幕预支护作用下隧道开挖技术参数等都会不同程度地影响周围土层的扰动。为指导管幕法施工,对施工参数提出合理的优化建议,需要对各参数下地层扰动的敏感性进行分析。

建立三维模型对土层参数、钢管直径、钢管施工顺序、注浆加固、开挖进尺对地层变形的影响进行数值模拟。基于本章所依托工程,采用 FLAC3D 软件建立简化三维模型,如图 4-27 所示。管幕由 27 根直径为 299mm 的锁扣钢管顺序顶进连接成拱,管幕钢管顶进施工结束后依次进行锁扣注浆—袖阀管注浆—背后补偿注浆—全断面注浆开挖等过程。土体划分为 5 层,自上而下依次为:填土、粉细砂、圆砾/卵石、粉质黏土、砂卵石。各层土体及注浆区均采用摩尔-库仑模型模拟,钢管间锁扣及注浆采用弹性介质模拟,钢管及隧道衬砌采用壳单元模拟,土的物理力学参数参照所依托工程的地质勘查资料采用加权平均法确定。管幕支护结构和新建隧道与既有线的空间位置关系见图 4-28,模型中材料的物理力学

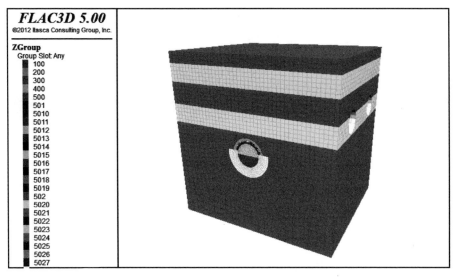

图 4-27　计算模型

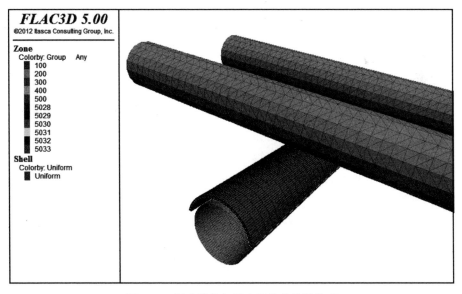

图 4-28　新建结构与既有结构的位置关系

参数取值见表 4-3、表 4-4。

表 4-3 土和注浆材料参数

材料	厚度 H /m	弹性模量 E /MPa	泊松比 μ	重度 γ /(kN/m³)	黏聚力 c /kPa	摩擦角 φ /(°)
填土	2.8	8	0.3	16	5	12
粉细砂	4.5	35	0.3	20	0	30
圆砾/卵石	5.5	86	0.28	21	0	35
粉质黏土	4.8	46	0.3	20	25	12
砂卵石	29.4	116	0.3	21	0	45
袖阀管注浆地层	0.5	1000	0.25	22	300	45
深孔注浆地层	0.5	2000	0.25	22	600	45

表 4-4 锁扣和壳单元材料参数

材料	重度/(kN/m³)	弹性模量/MPa	泊松比 μ	厚度/m
钢管内砂浆	22	2×10^4	0.3	0.299
钢管	78	2.06×10^5	0.25	0.01
隧道初衬	24	2.0×10^4	0.25	0.2
隧道二衬	25	3.0×10^4	0.3	0.3

模型的上边界为地表,竖向共取 47m,平行钢管顶进方向取 37m,垂直钢管顶进方向取 44m。地表为自由边界,不考虑地面超载作用,模型侧面和底面为位移边界,侧面限制水平移动,底部限制竖向位移。

4.5.2 模拟过程及监测点布置

管幕钢管的顶进顺序为:先顶进中间位置的钢管,然后由中间向两侧依次对称顶进剩余的钢管。采用应力释放来模拟钢管顶进对土层的扰动,应力释放率取 0.9,分五步等比例释放完成,比例系数为 0.99。具体数值模拟过程如下。

第一步:生成模型,计算初始地应力,初始位移清零。

第二步:第 1~27 根钢管顶进及锁扣注浆。

第三步:袖阀管注浆加固。

第四步:深孔补偿注浆加固。

第五步:全断面注浆开挖隧道施作衬砌。

上述模拟步骤详见图 4-29(a)~(e)。

在管幕穿越既有线的中间位置布置五个监测点,距离管幕顶端正上方高度分别为 0.2m、0.5m、1.0m、1.5m、2.0m,由下至上依次编号 1、2、3、4、5,如图 4-30 所示。

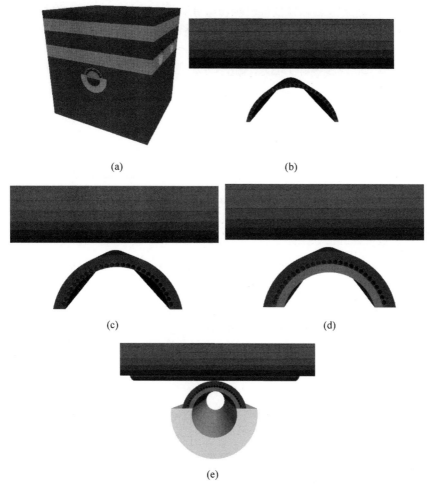

图 4-29 模拟计算步骤图

（a）第一步；（b）第二步；（c）第三步；（d）第四步；（e）第五步

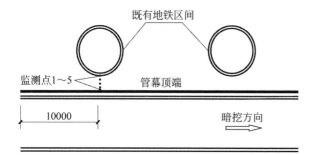

图 4-30 监测点布置图

在此基本模型的基础上,通过改变模型中管幕所处地层的性质、钢管的直径、顶管施工顺序、注浆区域和开挖进尺等参数分别建立相应的三维数值模型,模拟和分析在各个工况下管幕法施工对周围地层的变形影响。

4.5.3 土层参数对地层变形的影响

管幕和新建隧道的施工在第五层土中进行,为了探究土层性质对管幕法施工地层变形的影响,工况 1～工况 3 分别将第五层土设置为砂卵石、粉质黏土、圆砾/卵石,土层物理力学参数见表 4-5。

表 4-5 工况 1～工况 3 管幕法施工土层参数

土 层 参 数	工况 1	工况 2	工况 3
材料	砂卵石	粉质黏土	圆砾/卵石
重度 $\gamma/(\text{kN/m}^3)$	21	20	21
弹性模量 E/MPa	116	46	86
泊松比 μ	0.3	0.3	0.28
黏聚力 c/kPa	0	25	0
摩擦角 $\varphi/(°)$	45	12	40

管幕 27 根钢管顶进施工完成后,工况 1～工况 3 土层竖向位移云图和各监测点竖向位移曲线见图 4-31～图 4-33,各监测点最大位移曲线如图 4-34 所示。

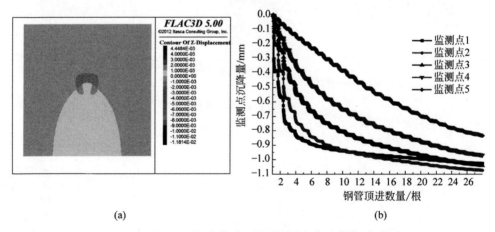

(a)   (b)

图 4-31 工况 1 土层竖向位移云图和监测点位移曲线(有彩图)

(a) 土层竖向位移云图;(b) 各监测点竖向位移曲线

比较并分析工况 1～工况 3 土层的位移云图和最终沉降可知,土层的弹性模量是影响土层沉降最重要的指标,弹性模量越大,管幕法施工引起的周围土层变形越小;土层摩擦角是影响土层变形分布的关键指标,摩擦角越大,管幕法施工造成的

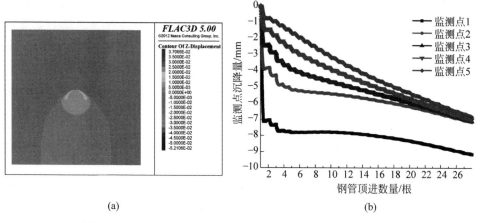

(a)　　　　　　　　　　　　　　　(b)

图 4-32　工况 2 土层竖向位移云图和监测点位移曲线（有彩图）

（a）土层竖向位移云图；（b）各监测点竖向位移曲线

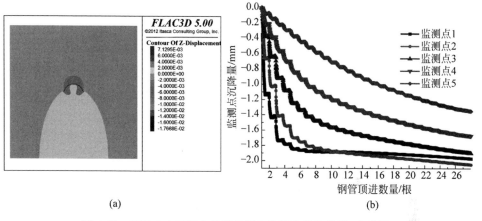

(a)　　　　　　　　　　　　　　　(b)

图 4-33　工况 3 土层竖向位移云图和监测点位移曲线（有彩图）

（a）土层竖向位移云图；（b）各监测点竖向位移曲线

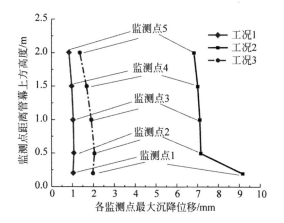

图 4-34　工况 1～工况 3 监测点竖向位移曲线（有彩图）

上部土层沉降越均匀。北京地铁 8 号线木—大区间下穿 10 号线盾构区间工程,交叉下穿段新建隧道处于埋深较大的砂卵石地层,砂卵石致密,弹性模量和摩擦角都较大。因此,采用管幕作为预支护结构对地层变形影响小,且上部地层沉降分布均匀。

4.5.4　钢管直径对地层变形的影响

为了探究管幕法施工中钢管直径对地层变形的影响,工况 4~工况 6 分别将基本模型的钢管直径设置为 299mm、400mm、500mm,钢管物理力学参数见表 4-6。

表 4-6　工况 4~工况 6 管幕法施工钢管参数取值

钢 管 参 数	工况 4	工况 5	工况 6
直径 ϕ/mm	299	400	500
壁厚 d/mm	10	15	20
数量 n/根	27	21	17
钢管间距 s/mm	50	50	50
弹性模量 E/MPa	$2.06×105$	$2.06×105$	$2.06×105$
泊松比 μ	0.25	0.25	0.25
重度 γ/(kN/m³)	78	78	78

管幕 27 根钢管顶进施工完成后,工况 4~工况 6 土层竖向位移云图和各监测点竖向位移曲线见图 4-35~图 4-37,各监测点最大位移曲线如图 4-38 所示。

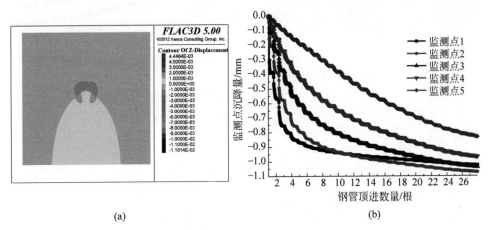

(a)　　　　　　　　　　　　　　(b)

图 4-35　工况 4 土层竖向位移云图和监测点位移曲线(有彩图)
(a) 土层竖向位移云图;(b) 各监测点竖向位移曲线

比较并分析工况 4~工况 6 土层的位移云图和最终沉降可知,管幕法施工中钢管直径越大,对地层的扰动越大;各监测点竖向位移曲线中,距离钢管最近的监测点沉降值并不是最大的,说明管幕对上部土体起到了支护作用。

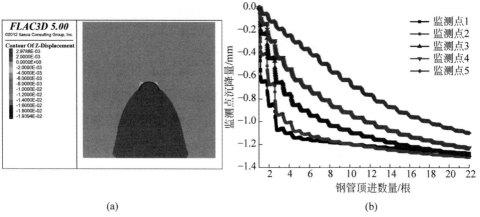

(a)　　　　　　　　　　　　　　　(b)

图 4-36　工况 5 土层竖向位移云图和监测点位移曲线（有彩图）

（a）土层竖向位移云图；（b）各监测点竖向位移曲线

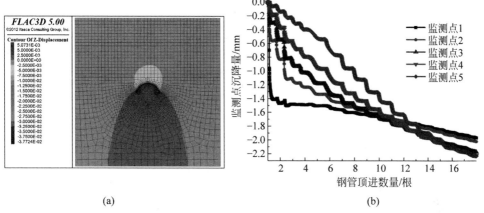

(a)　　　　　　　　　　　　　　　(b)

图 4-37　工况 6 土层竖向位移云图和监测点位移曲线（有彩图）

（a）土层竖向位移云图；（b）各监测点竖向位移曲线

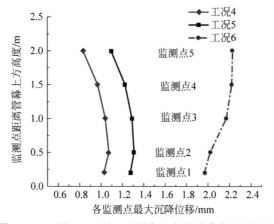

图 4-38　工况 4～工况 6 监测点竖向位移曲线（有彩图）

4.5.5 顶管顺序对地层变形的影响

为了探究管幕法施工中钢管顶进顺序对地层变形的影响,工况 7～工况 9 采用三种不同的顶管施工顺序,各工况顶管顺序见表 4-7。

表 4-7 工况 7～工况 9 管幕法施工钢管顶进顺序

工　况	顶　管　顺　序
工况 7	从中间向两边依次对称顶管
工况 8	从左向右依次顶管
工况 9	从中间向左侧依次顶管,左侧完成后,再从中间向右侧依次顶管

管幕 27 根钢管顶进施工完成后,工况 7～工况 9 土层竖向位移云图和各监测点竖向位移曲线见图 4-39～图 4-41,各监测点最大位移曲线如图 4-42 所示。

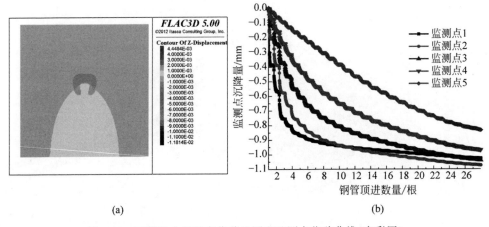

(a)　　　　　　　　　　　　　(b)

图 4-39 工况 7 土层竖向位移云图和监测点位移曲线(有彩图)

(a) 土层竖向位移云图;(b) 各监测点竖向位移曲线

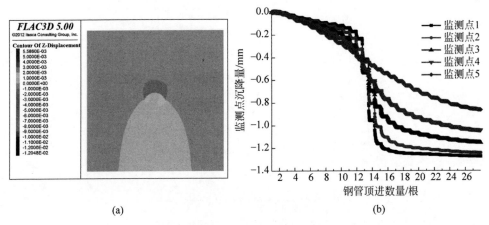

(a)　　　　　　　　　　　　　(b)

图 4-40 工况 8 土层竖向位移云图和监测点位移曲线(有彩图)

(a) 土层竖向位移云图;(b) 各监测点竖向位移曲线

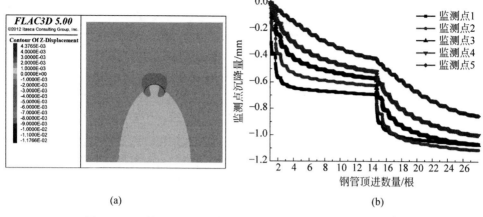

(a)　　　　　　　　　　　　(b)

图 4-41　工况 9 土层竖向位移云图和监测点位移曲线(有彩图)

(a) 土层竖向位移云图；(b) 各监测点竖向位移曲线

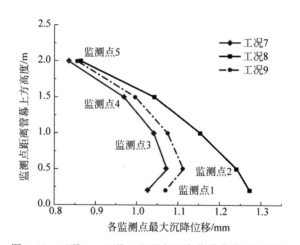

图 4-42　工况 7～工况 9 监测点竖向位移曲线(有彩图)

比较并分析工况 7～工况 9 土层的位移云图和最终沉降可知,工况 7 和工况 9 土层的竖向位移云图和位移监测点最大沉降都比较接近,工况 8 土层的位移分布不均匀且各监测点最终沉降较大,因此,采用工况 7 和工况 9 的顶管顺序进行管幕法施工对地层的扰动变形小。工程施工中,采用工况 9 的顶管顺序,顶管设备移动幅度较小,可有效地提高施工效率、节省人力物力,因此工程施工中推荐采用工况 9 对应的顶管顺序:从中间向一侧依次顶进该侧的全部钢管,然后再从中间向另一侧依次顶进剩余钢管。

4.5.6　注浆加固对地层变形的影响

为了探究管幕法施工中注浆加固对地层变形的影响,工况 10 和工况 11 设置了两种不同的注浆情况,详见表 4-8。

表 4-8　工况 10 和工况 11 管幕法施工注浆情况

工　况	注浆情况
工况 10	无深孔注浆
工况 11	深孔注浆加固管幕下方土体

工况 10 管幕 27 根钢管顶进施工完成后,土层竖向位移云图和各监测点竖向位移曲线见图 4-43;工况 11 管幕法施工和深孔补偿注浆完成后,土层竖向位移云图和各监测点竖向位移曲线见图 4-44。工况 10 和工况 11 各监测点最大位移曲线如图 4-45 所示。

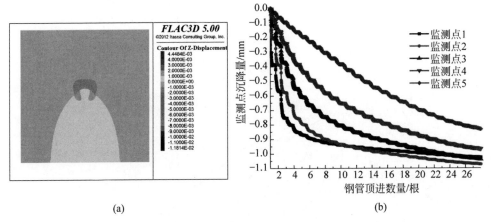

(a)　　　　　　　　　　　　　　　(b)

图 4-43　工况 10 土层竖向位移云图和监测点位移曲线(有彩图)

(a) 土层竖向位移云图;(b) 各监测点竖向位移曲线

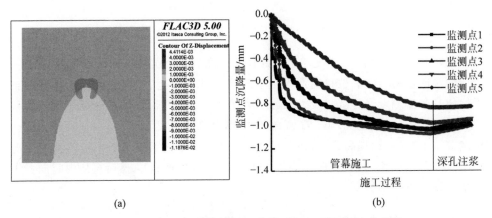

(a)　　　　　　　　　　　　　　　(b)

图 4-44　工况 11 土层竖向位移云图和监测点位移曲线(有彩图)

(a) 土层竖向位移云图;(b) 各监测点竖向位移曲线

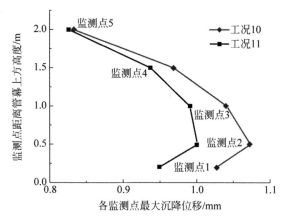

图4-45 工况10和工况11监测点竖向位移曲线(有彩图)

比较并分析工况10和工况11土层的位移云图和最终沉降可知,采用深孔补偿注浆,可小范围地抬升地层,补偿地层松散变形,减小管幕法施工造成的上部土层的沉降。

4.5.7 开挖进尺对地层变形的影响

为了探究管幕支护作用下新建隧道开挖施工中开挖进尺对地层变形的影响,工况12~工况14采用三种不同的开挖进尺,详见表4-9。

采用工况12~工况14的进尺进行隧道施工,施工完成后,工况12~工况14土层竖向位移云图和各监测点竖向位移曲线见图4-46~图4-48,各监测点最大位移曲线如图4-49所示。

表4-9 工况12~工况14管幕支护下隧道开挖进尺

工 况	隧道开挖进尺/m
工况12	1
工况13	2
工况14	3

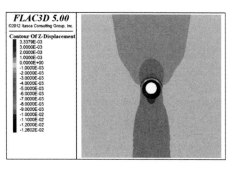

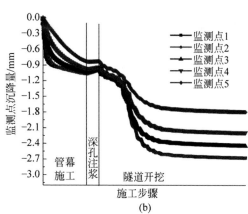

(a)   (b)

图4-46 工况12土层竖向位移云图和监测点位移曲线(有彩图)

(a)土层竖向位移云图;(b)各监测点竖向位移曲线

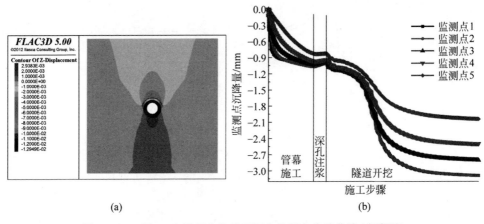

(a)　　　　　　　　　　　　(b)

图 4-47　工况 13 土层竖向位移云图和监测点位移曲线(有彩图)

(a) 土层竖向位移云图；(b) 各监测点竖向位移曲线

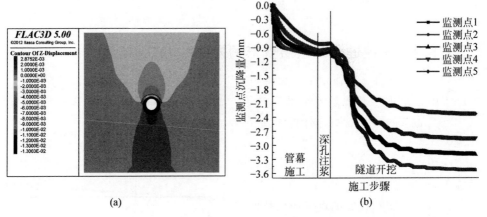

(a)　　　　　　　　　　　　(b)

图 4-48　工况 14 土层竖向位移云图和监测点位移曲线(有彩图)

(a) 土层竖向位移云图；(b) 各监测点竖向位移曲线

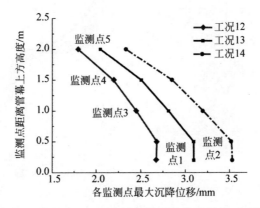

图 4-49　工况 12～工况 14 监测点竖向位移曲线(有彩图)

比较并分析工况 12～工况 14 土层的位移云图和最终沉降可知,管幕法施工完成进行下部隧道的开挖时,隧道开挖对土层的扰动受开挖进尺影响,开挖进尺越大,上部土层沉降越大。工程施工中,为减小对既有结构的变形影响,应尽量缩短开挖进尺。

4.5.8 管幕法施工敏感性评价

通过以上对管幕法施工中地层参数、钢管直径、顶管顺序、注浆加固、开挖进尺等因素对地层变形影响的分析,对影响管幕法施工地层扰动的参数敏感性做出评价如下。

（1）影响管幕法施工地层沉降的因素主要有地层参数、钢管直径、顶管顺序、注浆加固和开挖进尺,其中地层参数中土层的弹性模量对地层沉降影响最大。土层弹性模量越大,管幕法施工引起的地层沉降越小;钢管直径越小,管幕法施工引起的地层沉降越小;注浆加固可补偿地层松散变形,减小管幕法施工引起的地层沉降;开挖进尺越小,管幕法施工引起的地层沉降越小。

（2）影响管幕法施工地层变形分布的因素主要有地层参数和顶管顺序,其中,地层参数中土层的摩擦角会影响地层竖向位移的均匀分布。地层摩擦角越大,管幕法施工引起的地层沉降分布越均匀;采用从一侧向另一侧顺序顶进钢管,会造成地层变形不均匀分布,综合考虑管幕法施工造成的地层扰动和现场施工适用性,推荐采用从中间向一侧依次顶进该侧的全部钢管,然后再从中间向另一侧依次顶进剩余钢管的顶管顺序。

4.6 隧道开挖数值模拟

4.6.1 数值模型的建立

管幕法施工穿越既有线是一个三维交叉的复杂施工过程,为了探究管幕法施工和隧道开挖过程中周围土层和既有线的变形分布规律,找到施工扰动影响最大的位置,从而对工程施工提出指导意见,采用有限差分软件 FLAC3D 对新建 8 号线木—大区间矿山法暗挖下穿既有 10 号线盾构区间的穿越段施工过程进行三维数值模拟。

1. 模型参数及边界条件

根据地质勘察资料将土体划分为五层,自上而下依次为:填土、粉细砂、圆砾/卵石、粉质黏土、砂卵石。各层土体及注浆区均采用摩尔-库仑模型模拟,钢管间锁扣及注浆采用弹性介质模拟,钢管及隧道衬砌采用壳单元模拟,土的物理力学参数参照所依托工程的地质勘查资料采用加权平均法确定,数值计算模型见图 4-50。管幕支护结构和新建隧道与既有线的空间位置关系见图 4-51。模型中材料的物理力学参数取值见表 4-10、表 4-11。

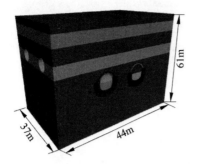

图 4-50 数值模型

图 4-51 新建结构与既有结构的模型示意图

表 4-10 数值模型参数

材料	厚度 H/m	弹性模量 E/MPa	泊松比 μ	重度 γ/(kN/m³)	黏聚力 c/kPa	摩擦角 φ/(°)
填土	2.8	8	0.3	16	5	12
粉细砂	4.5	35	0.3	20	0	30
圆砾/卵石	5.5	86	0.28	21	0	35
粉质黏土	4.8	46	0.3	20	25	12
砂卵石	26.4	116	0.3	21	0	45
袖阀管注浆	0.5	1000	0.25	22	300	45
深孔注浆加固	0.5	2000	0.25	22	200	45
全断面注浆		1500	0.25	22	100	45

表 4-11 单元材料参数

材料	重度/(kN/m³)	弹性模量/MPa	泊松比 μ	厚度/m
钢管内砂浆	22	2×10^4	0.3	0.299
钢管	78	2.06×10^5	0.25	0.01
隧道初衬	24	2.0×10^4	0.25	0.2
隧道二衬	25	3.0×10^4	0.3	0.3

模型的上边界为地表,竖向共取 44m,平行钢管顶进方向取 37m,垂直钢管顶进方向取 61m。地表为自由边界,不考虑地面超载作用,模型侧面和底面为位移边界,限制水平移动,底部限制三个方向的位移。

2. 施工扰动判断标准的选择

土的扰动大体是指由于外界机械作用造成的土的应力释放,即体积、含水量或孔隙水压力变化,特别是土体结构或组构的破坏和变化[83]。施工引起的扰动对土体性质的影响机理极其复杂,如何评估工程施工对环境的扰动程度,一直是学术界致力研究的课题。前人对于土层扰动进行定量评价的方法有残余孔隙水压法[83]、体积压缩法[84]、不排水模量法[85]、扰动因子法[86]、p-q-e 评价法[87]、剪切应变法[88]、切线模量法[89]等。有研究表明管幕法施工引起的地表变形与盾构施工引起的地表变形规律极为相似[91-92]。黎春林[64]提出考虑施工扰动出现塑性区,采用土体应力比和土体扰动度等指标判断施工扰动范围。以上各种扰动评价和扰动区的判断准则是建立在土体应力、应变、孔隙比、孔隙水压力、体积模量、应力历史等一个或者几个指标上的。这些评价方法针对不同性状的土做了大量的研究。

在管幕近距离穿越既有运行隧道施工中，对于地层沉降要求极为严格，要求新建隧道施工引起既有线结构的竖向沉降不超过 3mm，隆起不超过 2mm，并且要求管幕法施工引起的既有线结构沉降和隆起均不超过 1mm，属微变形控制范畴。微变形控制中土层位移是最为重要的控制指标，实际施工中，采用精密的位移传感器可以较准确地测量地层的微变形。因此，本节以土层的沉降值作为判断施工扰动的主要因素，即认为施工引起的土层沉降越大，则引起的土层扰动越大，以沉降作为评估工程施工对环境扰动的指标，以此为依据进行了钢管顶进施工试验和管幕法施工数值模拟研究。

3. 模拟步骤

由 4.5 节"管幕法施工敏感性分析"中工况 7 和工况 9 的计算结果可知，工况 7 和工况 9 选用的两种管幕钢管顶进顺序对上方地层的最大扰动结果相近，而工况 9 采用的钢管顶进顺序在实际施工过程中操作更方便，施工设备的移动幅度较小，可以节省人力和物力，缩短施工工期。因此最终选定管幕顶管顺序为：从中间向左侧依次顶进左侧钢管，左侧完成后，再从中间向右侧依次顶进右侧钢管。采用应力释放来模拟钢管顶进对土层的扰动，应力释放率取 0.9，分九步等比例释放完成，比例系数为 0.99。8 号线下穿 10 号线工程管幕法施工和新建隧道施工数值模拟过程如下。

第一步：生成模型，计算初始地应力，初始位移清零。

第二步：左线第 1～25 根钢管顶进及锁扣注浆。

第三步：左线袖阀管注浆和深孔补偿注浆加固。

第四步：左线全断面注浆，开挖隧道上导洞，施作临时仰拱及初衬。

第五步：左线隧道下导洞开挖及二衬施作。

第六步：右线第 1～25 根钢管顶进及锁扣注浆。

第七步：右线袖阀管注浆和深孔补偿注浆加固。

第八步：右线全断面注浆，开挖隧道上导洞，施作临时仰拱及初衬。

第九步：右线隧道下导洞开挖及二衬施作。

上述模拟步骤详见图 4-52(a)～(i)。

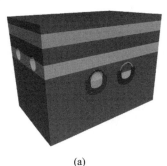

(a)

图 4-52　施工计算步骤图

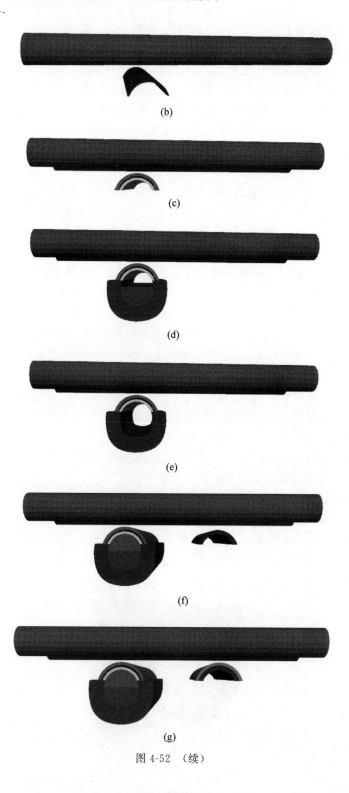

(b)

(c)

(d)

(e)

(f)

(g)

图 4-52 （续）

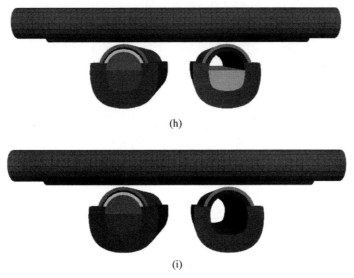

(h)

(i)

图 4-52 （续）

4.6.2　监测点的布置

本节以管幕上部土层的位移作为判断施工扰动大小的判别标准,故在新建隧道左线管幕穿越既有线的交叉位置布置 10 个位移监测点,见图 4-53。既有线北线下方布置五个监测点,自下而上依次编号 1、2、3、4、5,距离管幕顶端正上方高度分别为 0.3m、0.5m、1.0m、1.5m、2.0m;既有线南线下方布置五个监测点,自下而上依次编号 6、7、8、9、10,距离管幕顶端正上方高度分别为 0.3m、0.5m、1.0m、1.5m、2.0m。

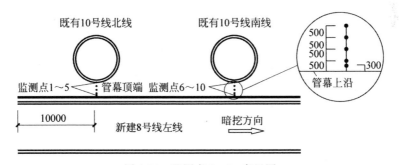

图 4-53　监测点 1～10 布置图

同样在新建隧道右线管幕穿越既有线的交叉位置布置 10 个位移监测点,见图 4-54。既有线北线下方布置五个监测点,自下而上依次编号 11、12、13、14、15,距离管幕顶端正上方高度分别为 0.3m、0.5m、1.0m、1.5m、2.0m;既有线南线下方布置五个监测点,自下而上依次编号 16、17、18、19、20,距离管幕顶端正上方高度分别为 0.3m、0.5m、1.0m、1.5m、2.0m。

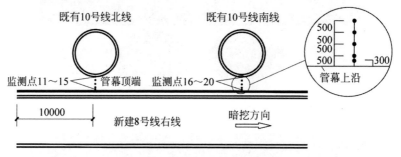

图 4-54 监测点 11～20 布置图

在既有线轨道中心线上布置位移监测点,如图 4-55 所示。既有 10 号线北线上布置 28 个监测点,从左至右依次编号为 21～48,监测点 21～48 距离模型左边界距离依次为:9m、12m、15m、18m、19m、20m、21m、22m、23m、24m、25m、26m、28m、30m、31m、33m、35m、36m、37m、38m、39m、40m、41m、42m、43m、46m、49m、52m。同样在南线上布置 28 个监测点,从左至右依次编号为 49～76,监测点布置方式与北线相同。

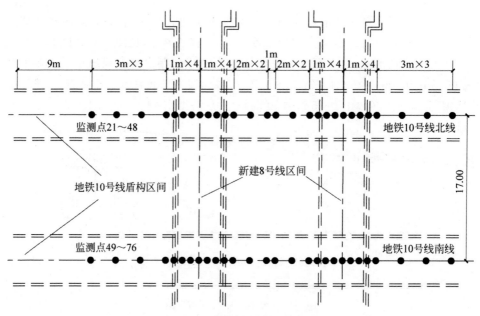

图 4-55 监测点 21～76 布置图

为方便分析,在模型中经过左线和右线轴线位置取两个纵剖面,如图 4-56 所示。

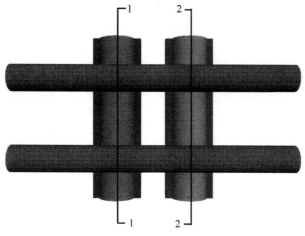

图 4-56 断面布置图

4.6.3 计算结果分析

模拟每步施工过程,提取各施工步完成后土层竖向位移,为了更清晰地显示位移云图中管幕上方土层的竖向变形分布规律,分别提取了纵剖面 1—1 和 2—2 在第 2~9 步施工完成后土层的竖向位移云图,如图 4-57 和图 4-58 所示。

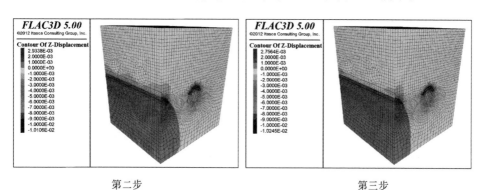

第二步   第三步

第四步   第五步

图 4-57 纵剖面 1—1 土层竖向位移云图(有彩图)

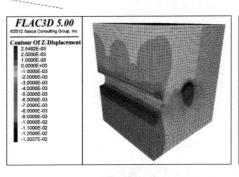
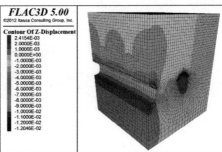

第六步　　　　　　　　　　　　　　　第七步

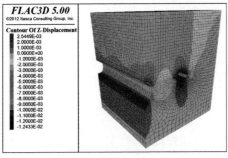
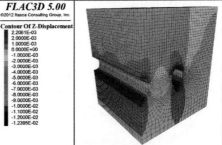

第八步　　　　　　　　　　　　　　　第九步

图 4-57　（续）

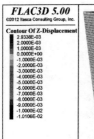
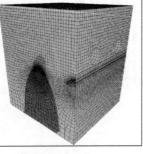

第二步　　　　　　　　　　　　　　　第三步

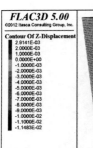

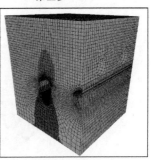

第四步　　　　　　　　　　　　　　　第五步

图 4-58　纵剖面 2—2 土层竖向位移云图(有彩图)

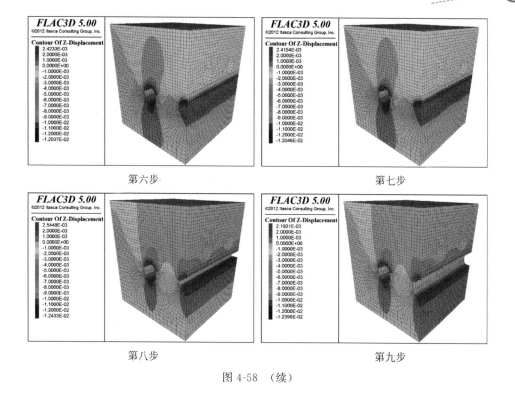

第六步

第七步

第八步

第九步

图 4-58　（续）

　　监测点 1～20 随施工的进展竖向位移发展曲线见图 4-59。监测点 21～48 每步施工引起的竖向位移曲线见图 4-60。监测点 49～76 每步施工引起的竖向位移曲线见图 4-61。

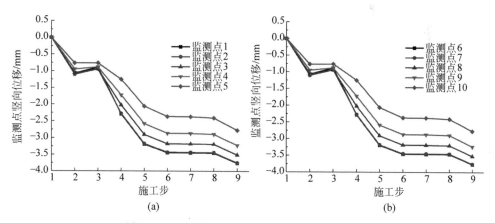

(a)

(b)

图 4-59　监测点 1～20 施工过程中位移发展曲线

（a）监测点 1～5 竖向位移；（b）监测点 6～10 竖向位移；

（c）监测点 11～15 竖向位移；（d）监测点 16～20 竖向位移

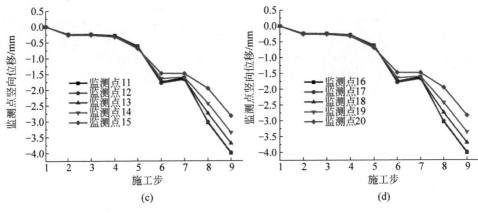

(c)   (d)

图 4-59 （续）

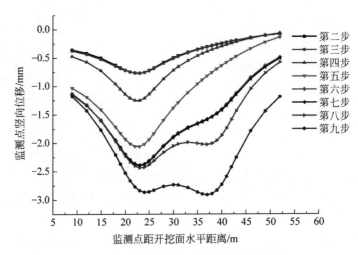

图 4-60 监测点 21～48 各施工步竖向位移

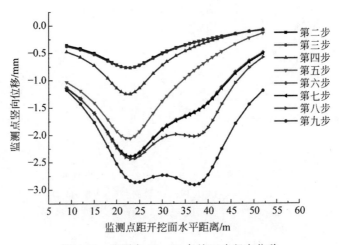

图 4-61 监测点 49～76 各施工步竖向位移

数值结果与实测沉降趋势大致相同,但数值结果明显大于实测结果,其原因归纳为:①数值计算中隧道衬砌采用壳单元模拟,壳单元和周围土体单元共用节点,因此壳单元和周围土体具有相同的位移,而实际衬砌和周围土的位移并不相同;②实际施工过程中,进行了多次背后补偿注浆,背后注浆对地层有明显的抬升效果,将地层沉降始终控制在 2mm 以内。

分析各施工步土层竖向沉降云图和各位移监测点竖向位移,可得以下结论。

(1)管幕法施工和隧道开挖施工对周围土层的扰动沿隧道开挖方向均匀分布,在既有线下方,由于既有线对其上方土层的支护作用,使其下方土层的沉降较小。

(2)管幕法施工引起上方土层沉降最大位置在管幕两侧靠近边缘钢管的正上方,隧道施工完成后,土层沉降最大的位置在管幕的最上方;管幕法施工和隧道开挖均引起上部土层沉降,下部土层隆起。

(3)管幕法施工中,管幕上方距离管幕最近的位移监测点并不是沉降最大的监测点,说明管幕对其上部的土层发挥着明显的支护效果。

(4)左线和右线的管幕法施工和隧道开挖施工均会互相影响,且影响不可忽略。

(5)左、右线上部位移监测点最终沉降非常接近,说明既有结构的沉降与新建隧道的施工顺序关系不大。

(6)垂直于隧道开挖方向的纵截面,管幕法施工和隧道开挖引起的土层沉降与 peck 沉降槽较为相似。

(7)左线管幕法施工造成既有线竖向最大沉降为 0.8mm,左线隧道施工完成既有线最大沉降为 2.5mm,右线管幕法施工完成,既有线最大沉降为 1.5mm,右线隧道施工完成后,既有线最大沉降为 2.8mm,均满足沉降控制要求。

4.6.4　管幕环向挠度计算

考虑模型对称性,在拱顶位置处 $v=\theta=Q=0$,v 为管幕结构的水平变形;θ 为管幕结构与拱顶之间的夹角;Q 为管幕结构的剪力。上导洞圆弧拱计算半径为2.8m,角度为 120°。隧道影响位置卵石地层:重度 $\gamma=21\mathrm{kN/m^3}$,内摩擦角 $\varphi=45°$,地基反力系数 $k=75\mathrm{MPa/m}$,剪力传递系数 $G_\mathrm{p}=5.25\mathrm{MPa}$。根据等效刚度原则可得,钢管弹性模量 $E_1=206\mathrm{GPa}$,惯性矩 $I_1=9.49\times10^{-5}\mathrm{m^4}$,注浆加固体弹性模量 $E_2=15\mathrm{GPa}$,惯性矩 $I_2=2.97\times10^{-4}\mathrm{m^4}$,注浆卵石地层弹性模量 $E_3=90\mathrm{MPa}$,惯性矩 $I_3=0.618\mathrm{m^4}$,隧道初支弹性模量 $E_4=30\mathrm{GPa}$,惯性矩 $I_4=2.2\times10^{-3}\mathrm{m^4}$,等效刚度 $E_\mathrm{e}I_\mathrm{e}=1.46\times10^8\mathrm{N\cdot m^2}$。锁脚锚杆采用 $\phi42\mathrm{mm}\times3.5\mathrm{mm}$ 的热轧无缝钢管,打入角度为 30°,长度为 2m,等效刚度 $E_\mathrm{b}I_\mathrm{b}=1.74\times10^4\mathrm{N\cdot m^2}$。计算结果见图 4-62。

由图 4-62 可知,相比封闭状态,隧道初支未封闭时结构环向变形较大。因此开挖过程中应严格控制支护封闭问题,及早成环。

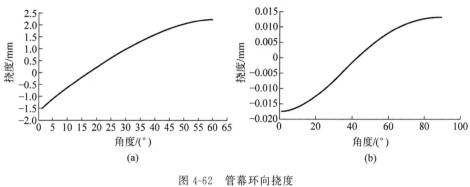

图 4-62　管幕环向挠度

（a）初支未封闭；（b）初支封闭

4.6.5　管幕纵向挠度计算

管幕纵向计算长度取 36m，开挖进尺 0.5m。各梁段竖向机床系数：初支封闭时取 $k_1 = 60\mathrm{MPa/m}$，未封闭时取 $k_1 = 36\mathrm{MPa/m}$，$k_2 = 0$，$k_3 = 56\mathrm{MPa/m}$，$k_4 = 75\mathrm{MPa/m}$，地基剪力传递系数 $G_p = 5.25\mathrm{MPa}$。管幕等效刚度 $E_c I_c = 3.58 \times 10^7\mathrm{N \cdot m^2}$。由图 2-14 模型，初支段 B 位置荷载按太沙基土拱理论计算，沿 $B{\rightarrow}A$ 线性递减并在套拱位置取值为零，开挖未支护段 C 位置荷载释放率取 50%，考虑开挖进尺段对地层的扰动，在掌子面前方 0.5 倍开挖高度处取荷载提高系数为 1.1。模型计算边界条件设置如下：

$$w_A = w'''_A = 0$$
$$w''_A = w'''_E = 0$$

当开挖长度取 17m 时，初支封闭时管幕纵向变形见图 4-63。

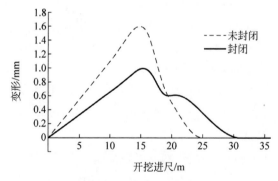

图 4-63　管幕纵向变形

由图 4-63 可知，由隧道施工引起的管幕纵向最大变形均发生在开挖进尺掌子面附近，未封闭工况下竖向位移为 1.6mm，封闭工况下为 1.0mm，位移衰减约 38%，这进一步证实了"早封闭"对变形的影响。

4.7 讨论

对于管幕环向与纵向的理论解析计算结果,进行如下的讨论。

(1)管幕拱壳的力学特性与拱脚处的支撑条件紧密相关,台阶法隧道施工中锁脚锚杆可以起到以下作用:将拱壳内力与变形效应传递到围岩中,以便顺利地进行台阶下部的开挖,避免因拱脚地基承载力不足而造成的拱壳大幅下沉侵限,稳定支护结构。因此,在隧道未封闭成环时,锁脚锚杆应具备足够的抗剪、抗弯能力。

(2)本章在管幕支护体系的工作机制研究中做了一定简化,按环向和纵向等效刚度处理,以及考虑支护范围内围岩注浆加固体为均匀介质,这虽然与实际情况存在一定区别,但作为工程应用,提出的模型与相关理论研究滞后、以经验为主导的设计理念相比,具有一定适用性。

(3)模型的计算结果与介质物理力学指标、作用载荷、结构尺寸以及结构与围岩间的耦合关系等直接相关,因此,选择模型需结合实际工程的注浆加固效果、锁脚锚杆与拱架的连接问题、地层扰动情况等进行优化。

第 5 章

超浅埋暗挖地铁
车站微变形控制技术

本章以地铁 19 号线平安里站超浅埋工程为依托,阐述了管幕法在超浅埋暗挖工程中的应用,对施工过程中地表与拱顶变形进行了现场实测,研究了超浅埋地铁车站施工期间地表与拱顶的变形规律;将管幕分别简化为弹性薄板与连续梁,利用弹性薄板理论与连续梁理论对开挖过程的管幕挠度进行计算,并将理论计算结果与实测数据相比较,继而对比分析了两种理论的计算结果;最后,针对导洞开挖跨度、上覆土层厚度、钢管壁厚以及浆体弹性模量等参数进行了因素分析。

5.1 工程概况

5.1.1 车站总体概况

地铁 19 号线平安里站位于平安里西大街与赵登禹路交叉口北侧,该工程西北侧为平安医院、多栋小平房等建筑,东北侧为 1~2 层建筑,西南侧为航天金融大厦,东南侧邻近地铁 6 号线平安里站,与既有地铁 6 号线平安里站水平换乘。

平安里地铁车站采用的是暗挖法施工,主体结构的设计长度为 225.45m,内部设计为 14m 长的岛式站台车站,平安里车站标准段宽度为 25.10m,车站的两端设置有通道口,局部最大宽度达到 26.29m。车站结构顶板的覆土厚度为 6.78~7.23m,底板埋深 20.70~21.15m,主体结构施工时,先施工先行导洞,然后打设管幕形成棚盖。施工管幕结构钢管的先行小导洞的拱顶最小覆土约 4.32m。车站总共设置四个出入口,施工概况如图 5-1 所示。

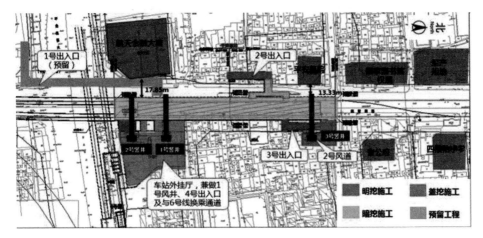

图 5-1 施工概况

5.1.2 先行导洞管幕设计概况

车站管幕在车站暗挖先行导洞中东西方向铺设 ϕ402mm×16mm 钢管,80mm× 50mm×8mm 锁扣＋水泥砂浆,标准段管幕共 489 根,单根长 35m(其中标准段往西 19m,往东 13m,导洞内 3m;绕避段往东 29.5m,往西 4m,导洞内 1.5m),共 17115m,如图 5-2 所示。

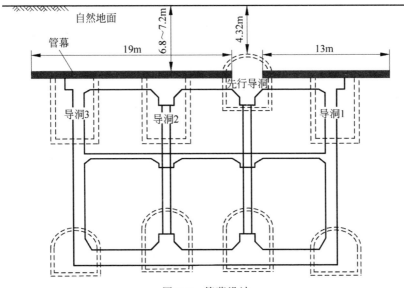

图 5-2 管幕设计

5.1.3 地质水文条件

平安里地铁车站施工的主体结构的顶板距离地表大约为 7m,纵向深度至地铁车站的底板的垂直埋深大约为21m。其中地铁车站的顶板主要处于粉质黏土层，其底板大致处于卵石层中，地铁车站的中间部位有一层0.8m厚的粉细砂层。平安里地铁车站土体的场地里主要有两层地下水，其中有一层地下水是上层滞水，水位标高为43.3m，距离地表约为5.8m，它主要处于粉土填土层中，还处于黏质粉土、砂质粉土层中；而另一层地下水为层间水，它的水位标高大约是20.8m，在地铁车站的结构底板的下面大约6.5m的位置，它的垂直埋深大约为28.6m，主要赋存的地层有卵石层、粉细砂层。该工程的管幕钢管顶进主要是穿越粉质黏土及粉细砂地层，其中没有地下水。地质水文条件如图5-3所示。

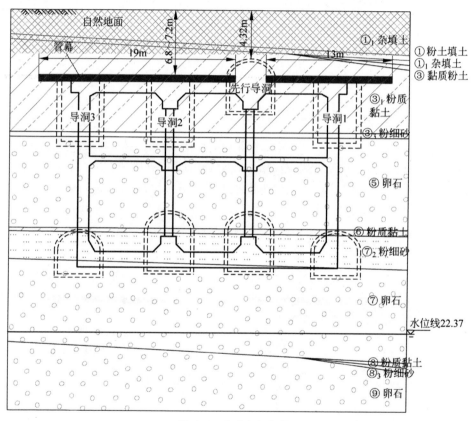

图 5-3　地质水文条件

5.1.4　周边环境情况

平安里地铁车站侧穿航天金融大厦、平安医院及下穿拟拆迁临街房屋。其中航天金融大厦是一座高层建筑，地上部分最高有九层，局部高度为六层，地下为两层结构，它的基础深度为6.5m。平安里车站结构需要开挖导洞，其外边与建筑大楼的水平距离为17.18m，是一个三级风险源。周边的平安医院是一个敏感性建筑，地上部分一共有五层高，地下部分仅有一层地下室，它的基础深度为3.55m，平安里车站结构导洞施工的外边与建筑大楼的水平距离为 11.53m,为二级风险源。平安里车站东侧的边导洞与靠近街道的房屋的垂直距离大约为 6.2m,下穿的房屋均为目前街道办发布条文打算拆迁的房屋,为一级风险源。具体工程位置如图 5-4 所示。

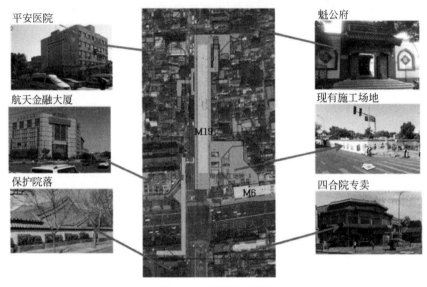

图 5-4　工程周边环境

　　平安里站位于城市主干道路下方,地面交通拥挤,附近拥有众多的地下管线,有雨水管线、污水管线、热力方沟、电力方沟等众多管线。其中离管幕较近的管线有:2900mm×2300mm 的热力方沟,埋深大约为 11m,与管幕净距大约为 1.5m;2000mm×2300mm 的电力方沟,埋深大约为 10m,与管幕净距大约 1.6m;管幕下穿直径为 1000mm 的污水管及管井,污水管埋深大约为 5.8m,污水管与管幕最小净距仅 0.198m(20 号污水井井底侵入管幕结构约 0.1m,19 号污水井井底与管幕顶仅 3mm);管幕下穿直径为 1600mm 的雨水管,雨水管埋深大约为 3.5m,管底与管幕净距大约为 2.4m;管幕下穿直径为 300mm 的中压燃气管,中压燃气管埋深大约为 2.0m,管底与管幕净距大约为 4.3m;管幕下穿直径为 600mm 的上水管,上水管埋深 2.3m,管底与管幕净距大约为 4m。周边管线情况如图 5-5 所示。

5.1.5　工程特点

该工程具有以下特点。

(1) 施工管幕与地下管线距离较近且顶管深度长,精度要求较高。

(2) 施工顶入钢管位置布设要求严格。

(3) 根据设计图纸描述,工程地质状况有一定的不确定因素,对施工有一定的影响。

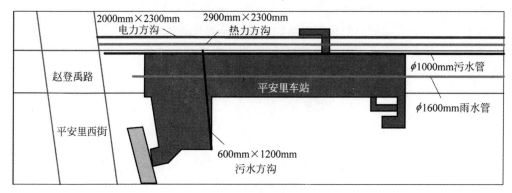

图 5-5　管线平面图

（4）顶管施工处于潜埋地段，所穿越的道路、地下管线保护要求高。

5.2　施工总体部署

5.2.1　施工准备

1. 技术准备

在项目部组织完成施工图纸技术交底后，认真熟悉施工图纸和技术方案，制订施工计划及人员组织计划。根据项目的施工图纸及技术交底内容，在施工前对拟参与项目的所有作业人员进行二次交底，同时进行超前探测，确定管线确切位置及管幕开孔孔位。

2. 施工准备

1）施工用水、用电

施工作业面设置一个储水桶，并配置两个三级配电箱，用水、用电严格按照标准，统一管口从项目部接入。

2）测量放线

施工开始前，接收项目部测量桩位交底，由测量组放出管幕中心标高控制线及管幕孔位，并标识出来。

3）设备准备

该工程采用 TY-LD600-1250 螺旋顶管机。计划投入四台设备，根据进度要求进场。洞内设备运输采用小型叉车或简易三轮车，根据工程特点结合现场工况，顶管机在施工前制作相应的移动台架，移动台架采用沿隧道纵向方向可移动的走行系统制作，可移动台架尺寸为 6000mm×3800mm×2200mm，移动台架主体结构采用 I18 工字钢，并使用螺栓进行连接，主体结构在洞内进行安装并可进行拆分。管幕工程所需设备见表 5-1。顶管机如图 5-6 所示。

表 5-1　管幕工程所需设备

名称	型号	规格	单位	数量
螺旋顶管机	TY-LD600-1250	6000mm×3800mm×2200mm	套	2～4
导向钻杆		ϕ114mm×1000mm	根	10～20
排泥螺旋钻杆		ϕ350mm×2600mm	根	20～40
导向钻头		ϕ114mm	个	3～6
顶环		ϕ400mm	个	3～6
影像全站仪			台	2～4
地质罗盘			个	2～4

图 5-6　管幕顶管机

4）材料准备

根据工程所需 ϕ402mm 钢管用量提前进行备料。钢管在地面加工厂进行加工处理,预制坡口并按每节 2～2.8m 进行切割,管幕采用 ϕ402mm×16mm 热轧无缝钢管,两侧设 L75mm×50mm×8mm 角钢锁扣,角钢与钢管采用等强焊接,并采用 $d=8$mm 加强筋板补强。角钢锁扣与钢板焊接采用双面焊,焊缝长 400mm,为确保焊接对角钢变形的抑制作用,采用上下层错开方式进行焊接。

5）材料及设备运输

材料及主要施工机具由小型汽车运输至竖井井口位置,机具及钢管通过升降设备运至导洞内。在隧道内钻机采用自身的走行系统纵向移动,钻机移动平台自带举升装置,在每个钻孔处实现钢管上下抬升就位。洞内出渣采用人工方式配合电动小型三轮车进行。

6）人员组织

人员组织情况如表 5-2 所示。

表 5-2　人员组织情况

人　员	职　责	技术职称	人数
现场负责人	负责全面施工管理、进度	工程师	1
现场班长、技术员	负责作业面施工生产协调；负责现场施工技术工作及测量	测量工程师	3
安全员	负责施工作业安全工作	专职安全员	2
操作工、起吊机信号工	操作顶管机		4
注浆工	注浆作业		4
焊工、电工	焊接和低压作业	专业工种	3
普工	辅助作业		6
合计			23

3. 施工方案

该工程管幕法施工采用液压千斤顶顶进钢管，管内采用水平螺旋钻杆出土，过程中边顶进边出土，为控制地表及管线变形保持欠土顶进，总体管幕法施工顺序为先西侧（长管幕）后东侧（短管幕），最后在洞内将两侧管幕对接。（注：为检验新设备的现场实际操作性能及工人操作控制水平，在 1、2 号横通道之间设一试验段，试验段先施工车站东侧管幕后施工西侧管幕。）单根管幕法施工顺序为：测量定位、破除初支、分节顶进及出土、验孔、封端、灌浆。

5.2.2　螺旋式导向顶管原理

顶管的原理是事先顶进一根楔形的无线导向杆（这个导向杆的钻头的直径比管幕钢管的直径要小，整个钻杆的长度为 2.6m，如图 5-7 所示），紧接着连接配套的螺旋钻杆（螺旋钻杆通过之间的锥扣相互连接，为中空结构），而所顶进的管幕钢

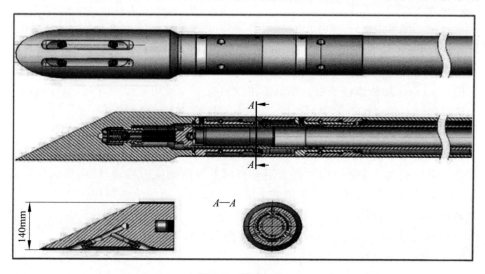

图 5-7　管幕钻头

管此时就成为螺旋钻杆的外在套管,它们之间是通过液压泵站的动力使得顶管机的动力头旋转,同时依靠顶管机两侧的油缸通过开关的开启顶着工作钢管慢慢进入土体。管幕法施工过程中的排土是通过外面的套管和里面的螺旋钻杆所夹持的空隙来进行的。

其工法特点如下。

(1) 安全性高。出土与顶进同步进行,钢管与土体之间无缝隙,对地层扰动小。

(2) 适用性强。砂卵石、粉细砂、黏土、回填地层都可以施工,可以灵活改变钻杆以及机器尺寸,场地条件限制小。

(3) 精度高。管幕打设精度为±0.3%。

5.2.3　施工工艺流程

1. 工艺流程图

本工序施工主要包括施工前准备、机械设备就位、钢管顶入、钢管连接及密封注浆,工艺流程图如图 5-8 所示。

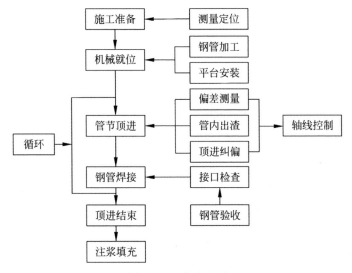

图 5-8　工艺流程图

2. 施工步骤

1) 施工准备

管幕钻机及作业平台进场后首先在场地外进行安装调试,安装调试完成后对设备进行预作业验收,保证设备运转正常后方可运至工作面。洞内运输采用人工方式进行,注意运输过程中对管幕设备的保护。管幕钢管按照设计要求同样在洞外进行加工成型,运至现场安装,其他辅助设施进场就位。

2) 测量布点及初支拆除

首先由测量人员使用激光全站仪校检控制桩位,测放出管幕的准确位置并在导洞拱墙上对顶管位置按编号进行标记。放样完成后,采用人工手持风镐对管幕范围内导洞初支混凝土进行拆除,破除尺寸为 1.5m×0.45m(长×高),格栅拆除为每次一榀。初支破除根据现场实际进度超前施作。

3)钻机就位及仪器定位

现场根据钻孔位置确定钻机位置,结合工程管幕的施工范围搭设对应的操作平台。钻机操作平台采用梁式支架,高度根据钻孔高度确定,沿隧道纵向采用可滑动的轨道式结构,滑轨布设根据钻机底座尺寸现场确定。操作平台布设要求四周平稳,防止在钻进顶管过程中发生位置偏移造成严重的工程质量和施工安全问题,在钻机位置调整过程中用水准仪和地质罗盘对钻机进行测量,复核标高。钻机安装完成定位后,在钻机导向杆后方安装可成像的全站仪对导向钻杆的靶盘进行对位,以便在后续掘进过程中进行纠偏观测。

4)顶进施工

钻机组装调试完成就位后,调整导向钻杆标靶位置与后方成像仪器中心线轴重合。先顶进端头楔形钻头,导向孔施工结束后应利用仪器对导向孔的水平及竖直方向进行观测,及时纠偏。随后跟进螺旋钻杆及第一节钢管,采用欠土顶进方式,边顶进边出土,作业面排出的渣土由专人及时清理。

根据设计要求,先行导洞管幕单根长度为35m,两侧分别为19m、13m,中间接管长度为3m。考虑到施工过程中操作平台的自身尺寸和施工便捷,13m管幕分节长度为2.6m×4+2m,共12.4m,其中顶进长度为12.1m,外露30cm;19m管幕分节为2.6m×5+2m×3,共19m,其中顶进长度为18.7m,外露30cm。为使相邻钢管接缝处错开,每根钢管第一节长度错开顶入。外部预留回填注浆管采用 ϕ42mm×3.25mm 的热轧钢管,钢管在场外提前加工,每根长度与管幕钢管长度一致,管幕钢管就位顶进前在现场进行焊接,焊接位置为管幕外斜上方60°。

标准段先行导洞向东排管示意图:西→东

2.6m	2.6m	2.6m	2.6m	2m

单号管:L=12.4m

2m	2.6m	2.6m	2.6m	2.6m

双号管:L=12.4m

标准段先行导洞向西排管示意图:东→西

2.6m	2.6m	2.6m	2.6m	2.6m	2m	2m	2m

单号管:L=19m

2m	2m	2m	2.6m	2.6m	2.6m	2.6m	2.6m

双号管:L=19m

其中钢管每节长2～2.8m,钢管连接方式采用焊接。为保证焊接时每节管的水平精度及焊接质量,现场采用爬焊机进行对位焊接,焊接时管外采用靠尺辅以地质罗盘进行对位控制,以保证钢管密贴平顺。

顶管过程中应严格控制顶进速度,使顶进速度与出土相协调,以减少顶力,控制管幕顶进过程中对土体的扰动。同时利用钻杆内装入的光学装置,通过全站仪来测量方位,全程观测,及时发现管幕钻进的偏差,通过钻杆及时调整钻头前端的楔形板方向进行纠偏,严格控制孔轴线,确保施工精度。

5）管内水泥砂浆填充

钢管顶进到位,管内渣土清理完成后,在管口采用1cm厚钢板封端(预留灌浆孔和排气孔,排气孔与灌浆孔上下布置,排气孔在上方布置),然后通过注浆机对管内灌注C30水泥砂浆,注浆导管必须插至管幕前端50cm处,采取后退式注浆,退管与注浆进度协调一致。水泥砂浆填充作业暂定为滞后管幕10根后开始进行施工,根据现场实际情况及检测数据实时进行调整。灌浆终止以注浆量和现场观察溢孔溢浆情况进行双项指标控制,确保管内水泥砂浆填充密实,灌浆过程中控制好填充速度,不宜过快。

6）管幕外补偿注浆

根据现场工序组织,暂定顶管完成2～3根后及时进行管幕外补偿注浆,控制地层变形。根据地表监测情况随时进行调整。补偿注浆采用1:1水泥浆进行灌注。严格控制注浆压力小于0.1MPa,加强洞内外巡视,防止注浆对周边管线及路面造成破坏。水泥浆配合比由现场试验确定,施工过程中严格控制配合比。

7）先行导洞内管幕连接

当导洞内东西两侧管幕钢管全部完成顶进后,进行钢管连接及二次注浆。中间部位的钢管连接时使用作业平台对连接段的钢管进行固定,连接钢管预留注浆孔和排气孔。钢管连接前对两侧外露钢管进行长度测量,根据现场实测长度进行加工,将中间段钢管和两侧封堵钢板进行焊接。连接完成后进行连接部位的二次灌注。

3．施工质量控制

（1）管幕标高误差范围为0～5mm。

（2）轴线位置偏差在+0.1％以内。

（3）孔位水平误差＜2cm。

（4）管幕末端的偏差为−3～+5cm。

（5）地表沉降小于30mm。

5.3　监测点的布设及监测内容

为监测管幕施作前后上部导洞地表和拱顶的沉降量,根据现场监测条件,在1号和2号施工横通道之间,以开挖断面中轴线对应的地表为中心线,在两侧15m

范围内从中心线向两侧布置 15 个监测点(因现场监测条件限制,无法对先行导洞和导洞 3 正上方进行地表沉降监测),以 1 号施工横通道南侧 10m 处断面(A-3、B-3、C-3 三点)为代表进行上部导洞地表沉降分析。上部主体导洞拱顶沉降由 1 号施工横通道向南沿导洞开挖方向每 5m 布设一个监测点,具体监测布置见图 5-9。

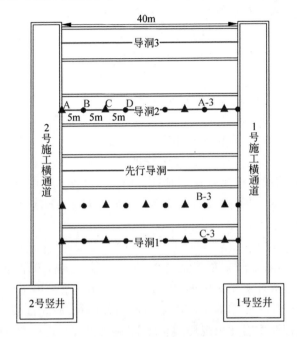

注:▲代表拱顶沉降和地表沉降共用点
●仅代表拱顶沉降点

图 5-9　现场监测布置

5.4　地铁与地层变形监测数据及分析

5.4.1　地表沉降分析

地表沉降历程曲线如图 5-10 所示。通过图 5-10 可以看出地表沉降在先行导洞开挖阶段迅速下降,此时没有任何支护体系,故地表沉降较快且沉降量较大;由于管幕法施工属于非开挖技术,在打设管幕阶段地表稍有沉降趋势,但沉降量较小,仅为 15mm;待管幕打设完毕,在管幕构筑的超浅埋棚盖防护体系下,进入上部主体导洞开挖阶段,与先行导洞开挖时地表沉降相比,此时地表沉降速率明显降低,且沉降量明显小于先行导洞开挖引起的地表沉降量;在施作顶板阶段,地表沉降产生较快的突变,如图 5-10 圆圈处,是由于在进行车站顶板施工时,需拆除初期支护与管幕之间的连接,此时增加了管幕的受荷跨度,故产生地表沉降突变的现象,此后地表沉降趋于稳定。从图 5-10 中可以看出 B-3 监测点沉降量最大,A-3 监测点次之,C-3 监测点沉降量最小。这是因为 B-3 监测点位置在先行导洞正上方东侧 5m 处,A-3 监测点位置(导洞 2 正上方)在先行导洞正上方西侧 7.2m 处,C-3 监测点位置(导洞 1 正上方)在先行导洞正上方东侧 9.5m 处。所以先行导洞开挖过程对横断面两侧 10m 范围内的土体产生了较大的影响,在开挖过程中要提高对该区域的监测频率。

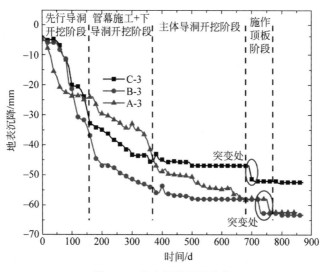

图 5-10 地表沉降历程曲线

为了验证管幕构筑的超浅埋棚盖防护体系的支护效果,对比分析先行导洞开挖阶段、打设管幕阶段、上部主体导洞开挖阶段、施作顶板阶段四种施工阶段的地表沉降规律。四种施工阶段下地表沉降曲线如图 5-11 所示(导洞 3 的位置在先行导洞西侧 15m 范围之外,故图 5-11 中没有标注),在先行导洞开挖阶段,地表最大沉降量达到 40mm,待管幕施作完毕后,在上部主体导洞开挖阶段,地表最大沉降量仅为 10mm,相比先行导洞开挖阶段地表最大沉降量减少了 75%。由此可见,管幕构筑的超浅埋棚盖防护体系对控制地表变形起到了显著的作用。

5.4.2 导洞拱顶沉降分析

上部主体导洞拱顶沉降选取距离先行导洞较近的导洞 2 进行分析,由 1 号施工横通道向南沿导洞 2 开挖方向取四个监测点进行拱顶沉降规律分析。2 号导洞拱顶沉降历程曲线如图 5-12 所示。

由图 5-12 可以看出,上部主体导洞施工阶段拱顶沉降变化趋势大致可以分为三个阶段:快速下降阶段、缓慢下降阶段和后期稳定阶段。在 0~30d 拱顶出现了明显的沉降,原因是导洞开挖对地层扰动较大,故沉降明显,但在管幕构筑的超浅埋棚盖防护体系支护下,沉降量仅为 4mm,沉降速率最大达到 0.13mm/d,经过缓慢下降阶段,一直到后期上部导洞开挖完毕,拱顶最大沉降量仅为 4.5mm,沉降速

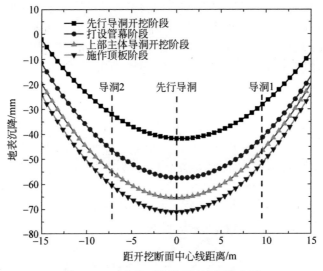

图 5-11　四种施工阶段下地表沉降变形

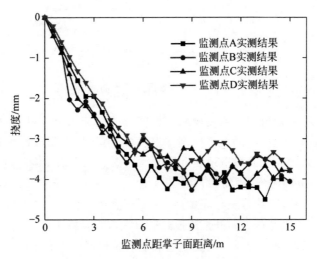

图 5-12　2 号导洞拱顶沉降历程曲线

率及沉降量均符合设计要求。

5.5　基于弹性薄板理论的横向管幕计算结果

5.5.1　计算参数的取值

计算方法见 2.3 节所述。根据工程资料,对需要的计算参数进行取值。钢管内灌注水泥砂浆,取钢管弹性模量 $E_{钢管}=210\mathrm{GPa}$,水泥砂浆弹性模量 $E_{砂浆}=2\mathrm{GPa}$,上覆荷载 $q=1.4\times10^{5}\mathrm{N/m}^{2}$(7m 覆土,土体重度为 $20\mathrm{kN/m}^{3}$),导洞开挖跨度为 4.4m,管幕等效后的薄板厚度 $t_{eq}=0.47$m,依据式(2-1)计算得到薄板弯曲刚度 $D=1.9\times10^{8}$N·m,取等效后薄板的泊松比 $\mu=0.3$。

5.5.2　管幕挠度计算结果

将理论计算结果与 2 号导洞开挖过程中的拱顶挠度监测值进行对比分析,如图 5-13 所示。监测点 A、B、C、D 的沉降实测最大值分别为 4.5mm、4.06mm、4.11mm、3.77mm,理论分析得到的各监测点沉降值为 4.1mm、3.6mm、3.6mm、3.6mm,通过图 5-13 可以看出,实测值与理论计算结果的变化趋势一致且数值较为接近,实测值在理论计算结果上下波动。监测点变形可划分为快速沉降与沉降稳定两个阶段,在掌子面刚通过监测点时,导洞拱顶沉降较为迅速,此阶段为快速沉降段;而当掌子面通过监测点 6m 后,沉降曲线已趋于平缓,此阶段为沉降稳定段。通过理论计算结果与实测数据的对比分析,表明管幕整体性较好,在承载时符合弹性薄板理论的变形规律,并且有效地证明了将管幕简化为弹性薄板的方法是可行的。

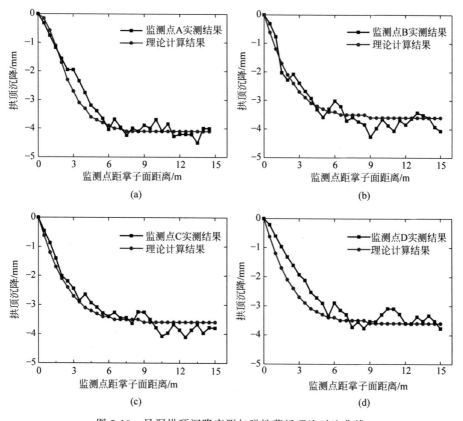

图 5-13　导洞拱顶沉降实测与弹性薄板理论对比曲线

5.5.3 管幕整体挠度与弯矩分布

根据前文推导的解析式,给出导洞开挖 10m 时管幕整体挠度图、x 方向弯矩图以及 y 方向弯矩图,如图 5-14 所示。其中,$x=0$,$x=4.4$ 以及 $y=0$ 为管幕简支边,$y=10$ 为管幕自由边。对此图进行分析可知,管幕挠度与 x 方向弯矩的变化规律一致,均在自由边中点处达到最大,随着向简支边靠近,挠度与 x 方向弯矩呈非线性减小直至为 0,最大挠度与 x 方向最大弯矩分别为 4.1mm 和 350kN・m・m^{-1};受边界条件 $y=10$ 为自由边的影响,y 方向最大弯矩的位置位于 $x=2.2$m,$y=2$m 附近,最大值为 121kN・m・m^{-1},明显小于 x 方向弯矩。

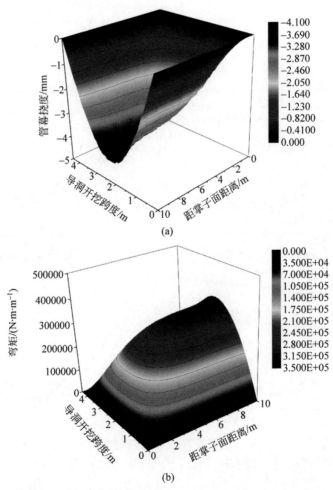

图 5-14 导洞开挖 10m,管幕整体挠度、x 方向弯矩和 y 方向弯矩图(有彩图)
(a)管幕整体挠度图;(b)管幕 x 方向弯矩图;(c)管幕 y 方向弯矩图

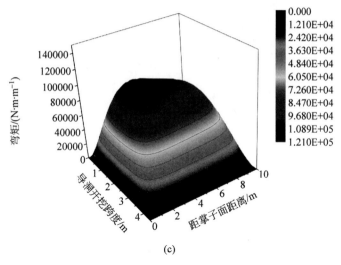

(c)

图 5-14　（续）

图 5-15 直观地给出了 $x=2.2$m 处（即导洞跨中）挠度、x 方向弯矩和 y 方向弯矩随管幕 y 方向长度的变化曲线。可以看出，在距离掌子面 3m 范围内，管幕的挠度与 x 方向弯矩快速增长；在距离掌子面 3～9m 范围内，管幕的挠度与 x 方向弯矩变化较为缓慢；而在距离掌子面 9～10m 范围内（靠近自由边 1m 内），由于自由边的影响，管幕挠度与弯矩再次出现增长趋势。y 方向弯矩表现出先增长，再平稳，最后快速下降的三阶段规律：在靠近掌子面 2m 范围内，弯矩首先快速增长到峰值，处于快速增长阶段；在靠近掌子面 2～8m 范围内，弯矩变化较为缓慢，处于平稳阶段；在靠近自由边 2m 范围内，弯矩快速下降为 0，为下降段。

5.5.4　参数影响分析

在本节中拟通过对钢管壁厚度、注浆材料弹性模量、泊松比、开挖跨度以及作用在管幕上的荷载大小等参数取不同的值，研究不同参数取值对管幕挠度与弯矩的影响。计算基本参数按照 5.5.1 节已给出的进行选取。由于篇幅限制以及为便于分析，在后文中只对不同参数下管幕挠度、x 方向弯矩以及 y 方向弯矩的最大值随开挖长度的变化规律进行分析。

1. 等效薄板泊松比的影响

分别取等效后薄板泊松比 μ 为 0.2、0.25 和 0.3，得到挠度、x 方向弯矩以及 y 方向弯矩最大值随导洞开挖长度的变化规律，如图 5-16 所示。从图 5-16（a）中可以看出，随着泊松比的增加，管幕挠度最大值略有增加，但增加幅度不大，挠度仅从 3.9mm 增加到 4.1mm。图 5-16（b）和（c）分别所示为不同泊松比下 x 方向弯矩与 y 方向弯矩的变化规律，泊松比的变化对 x 方向弯矩影响甚微，不同泊松比下的 x 方向弯矩均在 $350\mathrm{kN} \cdot \mathrm{m} \cdot \mathrm{m}^{-1}$ 附近；而随着泊松比的增大，y 方向弯矩逐渐增大，开挖稳定后，y 方向弯矩分别为 $99\mathrm{kN} \cdot \mathrm{m} \cdot \mathrm{m}^{-1}$、$110\mathrm{kN} \cdot \mathrm{m} \cdot \mathrm{m}^{-1}$、$120\mathrm{kN} \cdot \mathrm{m} \cdot \mathrm{m}^{-1}$。总体来说，泊松比对管幕挠度、$x$ 方向弯矩的影响甚微，可不予

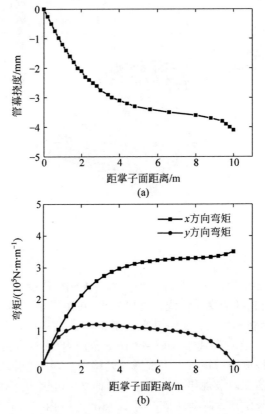

图 5-15 $x=2.2m$ 处管幕挠度、x 方向和 y 方向弯矩变化曲线
(a) 管幕挠度变化图；(b) x 方向和 y 方向弯矩变化图

考虑，它虽对 y 方向弯矩有一定影响，但由于 y 方向存在自由边，y 方向弯矩远不及 x 方向弯矩大，管幕的承载力受 x 方向弯矩的控制，故可不考虑泊松比对管幕变形与弯矩的影响。

2. 导洞开挖跨度的影响

图 5-17 所示为导洞开挖跨度分别为 4.4m、6m、8m 时，管幕变形及弯矩图。由图 5-17(a) 可以看出，随着导洞开挖跨度的增加，管幕挠度逐渐增大，且增长速率呈上升趋势，最终管幕挠度分别为 4.1mm、14.3mm、44.8mm；图 5-17(b) 和 (c) 所示为不同导洞开挖跨度时管幕 x 方向最大弯矩与 y 方向最大弯矩随开挖长度变化曲线图，可以看出 x 方向和 y 方向最大弯矩的变化规律与挠度一致，均随着跨度的增加而增大，不同跨度下 x 方向最大弯矩分别为 350kN·m·m^{-1}、650kN·m·m^{-1}、1150kN·m·m^{-1}，y 方向最大弯矩分别为 120kN·m·m^{-1}、225kN·m·m^{-1}、400kN·m·m^{-1}。总体来说，导洞开挖跨度对管幕变形、弯矩影响较大，导洞开挖长度≥3m 时，不同跨度的变形和弯矩曲线之间差异增大，且随着跨度的增加，管幕变形与弯矩趋于稳定的开挖长度在逐渐增长。如开挖跨度为 4.4m 时，导洞开挖

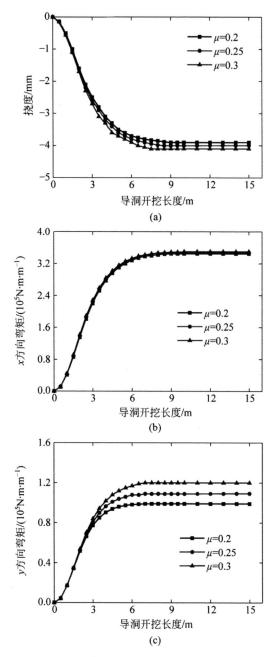

图 5-16　不同泊松比时管幕最大挠度、x 方向和 y 方向弯矩的变化曲线

（a）不同泊松比时管幕最大挠度变化图；（b）不同泊松比时管幕 x 方向最大弯矩变化图；

（c）不同泊松比时管幕 y 方向最大弯矩变化图

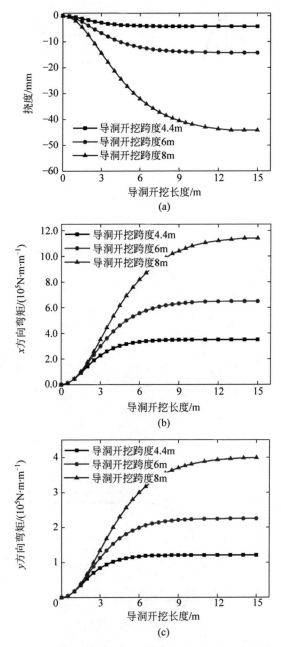

图 5-17　不同导洞开挖跨度时管幕最大挠度、x 方向和 y 方向弯矩的变化曲线

（a）不同导洞开挖跨度时管幕最大挠度变化图；（b）不同导洞开挖跨度时管幕 x 方向最大弯矩变化图；

（c）不同导洞开挖跨度时管幕 y 方向最大弯矩变化图

6m 左右管幕变形与弯矩即可趋于稳定；而在开挖跨度为 8m 时，开挖长度则需要达到 12m，变形与弯矩才能达到稳定阶段。

3. 上覆土层厚度的影响

不同上覆土层厚度下管幕变形与弯矩图如图 5-18 所示。对图 5-18 进行分析可

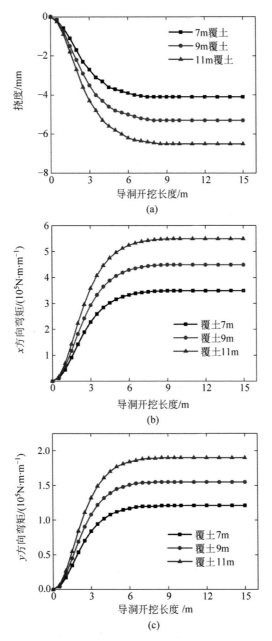

图 5-18　不同上覆土层厚度时管幕最大挠度、x 方向和 y 方向弯矩的变化曲线

(a) 不同上覆土层厚度时管幕最大挠度变化图；(b) 不同上覆土层厚度时管幕 x 方向最大弯矩变化图；

(c) 不同上覆土层厚度时管幕 y 方向最大弯矩变化图

知,不同上覆土层厚度下挠度和弯矩随导洞开挖长度的变化规律类似,即随着上覆土层厚度的增加,管幕挠度、x 方向和 y 方向最大弯矩均逐渐增加,7m、9m、11m 覆土下的管幕挠度分别为 4.1mm、5.3mm、6.5mm,x 方向弯矩分别为 350kN・m・m^{-1}、450kN・m・m^{-1}、550kN・m・m^{-1},y 方向弯矩分别为 120kN・m・m^{-1}、155kN・m・m^{-1}、190kN・m・m^{-1}。可以看出,管幕挠度、弯矩随着上覆土层厚度呈线性增加的趋势,是因为管幕简化为弹性薄板,且边界条件未改变,管幕力学行为满足线弹性叠加原理。

4. 钢管壁厚对管幕变形与弯矩的影响

图 5-19 所示为钢管壁厚分别为 10mm、12mm、14mm、16mm 时,管幕挠度随导洞开挖长度的变化趋势图。值得注意的是,由于钢管壁厚只影响薄板的弯曲刚度,在外荷载与边界条件未改变的前提下,弯曲刚度并不影响薄板的弯矩,故在这里并未给出弯矩变化趋势图。对图 5-19 进行分析可知,随着钢管壁厚的增加,管幕挠度在逐渐减小,不同壁厚下的管幕挠度分别为 6mm、5.2mm、4.6mm、4.1mm。钢管壁厚对管幕变形的影响较大,在实际工程中,可以通过适当地增加钢管壁厚达到减少管幕变形的效果。

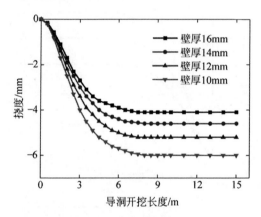

图 5-19　不同钢管壁厚时管幕最大挠度变化曲线

5. 浆体弹性模量对管幕变形与弯矩的影响

图 5-20 所示为在不同浆体弹性模量下,管幕挠度的变化趋势。同样,浆体弹性模量只影响薄板的弯曲刚度,对弯矩值无影响,所以仍对弯矩不作叙述。随着浆体弹性模量的增加,管幕挠度在逐渐减小,但减小幅度较小;浆体弹性模量为 1GPa、2GPa、4GPa、10GPa 时,管幕的挠度分别为 4.2mm、4.1mm、4mm、3.8mm,可见,当浆体弹性模量提高到 10GPa 时,管幕挠度为 3.8mm,较浆体弹性模量为 1GPa 时仅减少了 0.4mm,说明浆体弹性模量对管幕挠度的影响甚微。结合上文的内容可知,相较于提高浆体弹性模量,增加钢管壁厚对减小管幕挠度更为有效。

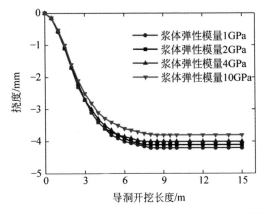

图 5-20　不同浆体弹性模量下管幕最大挠度变化曲线

5.6　基于连续梁理论的横向管幕计算结果

5.6.1　计算参数的取值

计算方法见 2.4 节所述。连续梁理论的计算参数: 取钢管总长 14.4m, 其中导洞内长度为 4.4m, 土体中长度为 10m, 导洞两侧各 5m, 管幕等效弹性模量 $E_{等效}=$ 60GPa, 惯性矩 $I=1.26\times10^{-3}\,\mathrm{m}^4$, 等效抗弯刚度 $E_{等效}\,I=7.8\times10^4\,\mathrm{kN\cdot m}^2$, 并将管幕分为 144 份($m$ 为 22 份, n 为 50 份), 即每 0.1m 划分为一个单元, 地基系数 $k_i=3.44\times10^4\,\mathrm{kN/m}^3$。

5.6.2　管幕挠度计算结果

将理论计算结果与 2 号导洞开挖过程中的拱顶挠度监测值进行对比分析, 如图 5-21 所示。连续梁理论并未考虑管幕接头的影响, 故不同监测点的理论计算值均一致。对图 5-21 进行分析可知, 固支梁的计算结果最小, 仅为 $-0.75\mathrm{mm}$, 远小于实测值; 弹性地基梁与简支梁的计算结果较接近, 但简支梁的计算结果稍大于弹性地基梁, 简支梁与弹性地基梁的计算结果分别为: $-3.8\mathrm{mm}$ 和 $-3.6\mathrm{mm}$。监测点 A、B、C、D 的沉降实测最大值分别为 4.5mm、4.06mm、4.11mm、3.77mm, 可见简支梁与弹性地基梁的计算结果与管幕的最终挠度实测值较为吻合, 但连续梁理论无法解释开挖过程中管幕挠度的非线性变化趋势, 产生这种现象的原因可能为: 由于管幕接头的存在, 未开挖部分钢管对已开挖部分的钢管存在约束作用, 随着开挖长度的增加, 该约束作用逐渐减小, 最终导致了管幕挠度随开挖过程的非线性变化。

图 5-22 给出了简支梁、弹性地基梁与固支梁的最终变形结果。可以看出, 简支梁与弹性地基梁的计算结果在跨中的挠度相差不大, 但弹性地基梁计算结果在支座处产生 1.2mm 的沉降; 固支梁计算得到的最终挠度最小, 远小于简支梁与弹

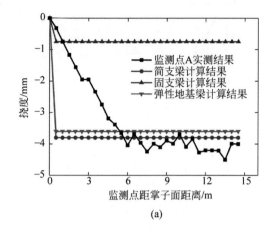

(a)

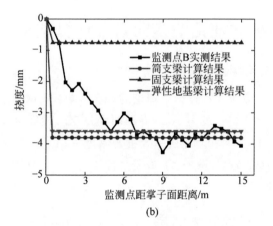

(b)

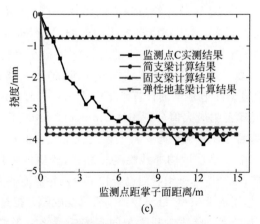

(c)

图 5-21　导洞拱顶沉降与连续梁理论对比曲线

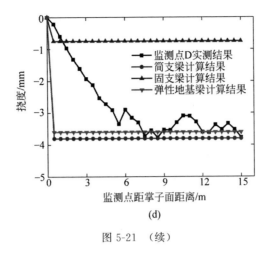

(d)

图 5-21 （续）

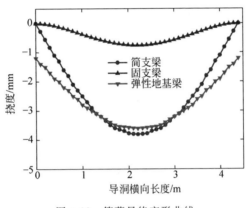

图 5-22 管幕最终变形曲线

性地基梁的计算结果。

5.6.3 管幕弯矩计算结果

图 5-23 给出了连续梁理论计算得到的管幕的最终弯矩图。可以看出,简支梁计算得到的弯矩最大,为 $146kN \cdot m$,固支梁与弹性地基梁的计算结果大小相同,固支梁为 $-100kN \cdot m$,弹性地基梁为 $100kN \cdot m$;固支梁的弯矩最大值出现在支座处,而其余计算结果均出现在跨中。

5.6.4 参数影响分析

本节拟通过对钢管壁厚度、浆体弹性模量、泊松比、开挖跨度以及作用在管幕上荷载大小等参数取不同的值,研究不同参数取值对管幕挠度与弯矩的影响。计算基本参数按照 5.6.1 节已给出的进行选取。由于篇幅限制以及为便于分析,在后文中取不同参数下管幕挠度和 x 方向弯矩的最大值进行对比分析。

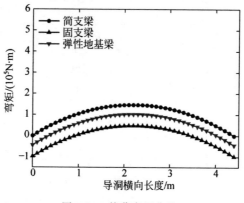

图 5-23　管幕弯矩曲线

1. 导洞开挖跨度的影响

分别取导洞开挖跨度为 2m、4.4m、6m、8m 和 10m,得到管幕挠度和弯矩随导洞开挖跨度的变化规律,如图 5-24 所示。可以看出,连续梁理论计算得到的挠度

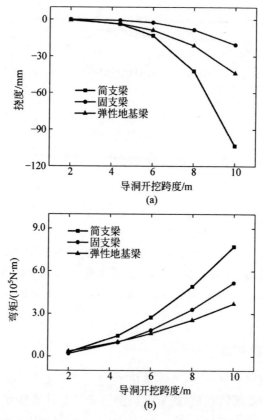

图 5-24　不同开挖跨度时管幕最大挠度、弯矩对比曲线

(a)不同开挖跨度时管幕最大挠度对比图;(b)不同开挖跨度时管幕 x 方向最大弯矩对比图

和弯矩均随导洞开挖跨度的增大而非线性增大。简支梁的挠度计算结果最大且增长最快,弹性地基梁次之,固支梁最小。当跨度为 10m 时,管幕挠度计算值分别为104mm(简支梁)、44mm(弹性地基梁)和 21mm(固支梁)。

对于弯矩来说结论相同,简支梁的弯矩计算结果最大且增长最快。然而,在开挖跨度小于 4.4m 时,弹性地基梁的弯矩计算结果要大于固支梁的计算结果;当开挖跨度大于 4.4m 时,固支梁的计算结果大于弹性地基梁。当导洞跨度为 10m 时,管幕弯矩计算值分别为 772kN·m(简支梁)、517kN·m(固支梁)、370kN·m(弹性地基梁),见图 5-24(b)。

2. 上覆土层厚度的影响

取上覆土层厚度分别为 3m、5m、7m、9m、11m,且土体重度仍为 20kN/m³,得到挠度与弯矩随上覆土层厚度的变化规律,如图 5-25 所示。可以看出,连续梁计算得到的挠度和弯矩均随上覆土层厚度增长而线性增长。从图 5-25(a)中可以看出,弹性地基梁与简支梁的挠度计算结果较为接近,且增长速度也近似一致;固支梁的计算结果最小,且增长最为缓慢。分析图 5-25(b),简支梁的弯矩计算值最大

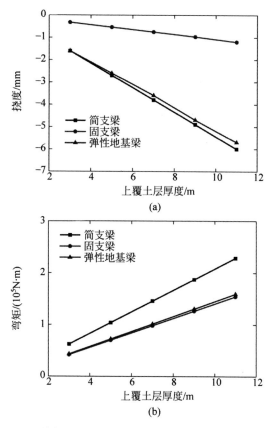

图 5-25　不同上覆土层厚度时管幕最大挠度、弯矩对比曲线
(a)不同上覆土层厚度时管幕最大挠度对比图;(b)不同上覆土层厚度时管幕 x 方向最大弯矩对比图

且增长最快；固支梁与弹性地基梁的弯矩计算结果较小，增长较慢。

3. 钢管壁厚的影响

图 5-26 所示为钢管壁厚分别为 10mm、12mm、14mm、16mm 时，连续梁理论的挠度计算值随钢管壁厚的变化趋势图。值得说明的是，钢管壁厚只影响梁与板的弯曲刚度，在外荷载与边界条件未改变的前提下，弯曲刚度的变化并不影响简支梁、固支梁的弯矩，虽然弯曲刚度的变化对弹性地基梁的弯矩结果有一定影响，但经过计算发现，其影响有限，弯矩值的变化率不超过 5%，故在这里并未给出弯矩计算结果。对图 5-26 进行分析可知，随着钢管壁厚的增加，根据不同理论计算得到的挠度在减小，当壁厚从 10mm 增加到 16mm 时，简支梁的挠度从 5.6mm 减小到 3.8mm，弹性地基梁的挠度从 4.8mm 减小到 3.6mm，固支梁的挠度仅从 1.1mm 减小到 0.75mm，可见简支梁的减小幅度最大，弹性地基梁次之，固支梁最小。这说明简支梁和弹性地基梁的挠度受钢管壁厚的影响较大，而固支梁的挠度受钢管壁厚的影响较小。

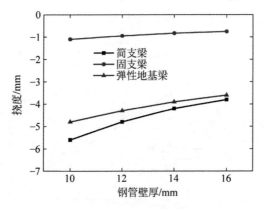

图 5-26　不同钢管壁厚时管幕最大挠度对比曲线

4. 浆体弹性模量的影响

图 5-27 所示为在不同浆体弹性模量下，根据不同理论的挠度计算结果变化趋势图。同样，浆体弹性模量只影响简支梁、固支梁与板的弯曲刚度，对弯矩值无影响，并且对弹性地基梁的计算结果影响有限，所以本节中同样对弯矩不作叙述。由图 5-27 可以看出，随着浆体弹性模量的增加，管幕挠度近似于线性减小，但减小幅度较小；当浆体弹性模量从 1GPa 增加到 10GPa 时，简支梁的挠度从 3.8mm 降低到 3.4mm，弹性地基梁的挠度从 3.7mm 降低到 3.4mm，固支梁的挠度从 0.76mm 降低到 0.68mm，可见浆体弹性模量对挠度的影响甚微。结合上文所述内容可知，相较于提高浆体弹性模量，增加钢管壁厚对减小管幕挠度更为有效。

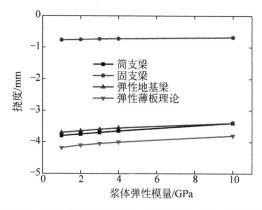

图 5-27　不同浆体弹性模量时管幕最大挠度对比曲线

5.7　弹性薄板理论与连续梁理论计算结果对比分析

在 5.5 节和 5.6 节中,已经对基于弹性薄板理论和连续梁理论的计算结果进行了一定的研究,在连续梁理论中,无论是在管幕挠度方面还是在弯矩方面,简支梁的计算结果均为最大。故在本节中,拟对弹性薄板理论与简支梁的计算结果进行对比分析。计算基本参数如 5.5 节和 5.6 节中所述。

5.7.1　挠度对比分析

不同监测点处实测数据与两种理论的计算结果如图 5-28 所示。由图 5-28 可知,在掌子面通过监测点 4m 范围内,管幕处于快速变形阶段;而掌子面通过监测点 4~6m 范围内,管幕处于缓慢变形阶段;掌子面通过监测点 6m 以后,管幕的沉降趋于稳定,在一定范围内波动。根据弹性薄板理论计算得到的不同监

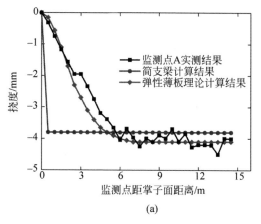

(a)

图 5-28　导洞拱顶沉降对比曲线

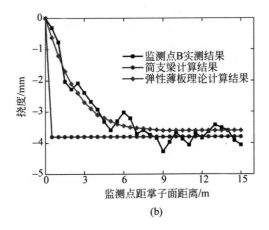

(b)

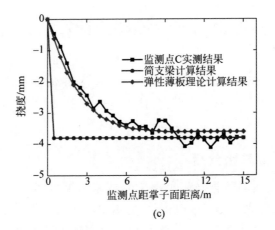

(c)

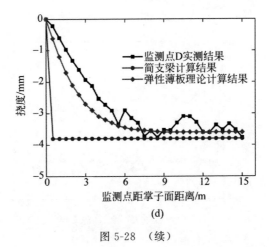

(d)

图 5-28 （续）

测点最终挠度分别为-4.1mm(A 点)和-3.6mm(B、C、D 点)；简支梁的计算结果为-3.8mm。通过将两种理论的计算结果与实测数据对比分析,发现：弹性薄板理论计算结果无论是在变形趋势上,还是在最终变形量上,都与实测数据吻合性较好；简支梁理论仅在最终变形量上与实测结果较为吻合,无法预测管幕的变形过程。以上现象说明管幕的变形规律更符合弹性薄板理论,虽然简支梁模型也可以较好地预测管幕的最终变形量,但简支梁理论无法预测在开挖过程中管幕的变形。

图 5-29 给出了弹性薄板理论与简支梁理论下监测点 A、B、C、D 截面的最终变形结果。由图 5-29 可以得到,由于受自由边的影响,弹性薄板理论计算得到的自由边的最终变形结果稍稍大于其他三个截面；简支梁与弹性薄板理论计算得到的最终变形结果较为一致。

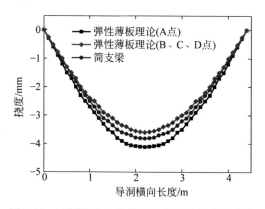

图 5-29　不同理论计算得到的管幕最终变形曲线

5.7.2　弯矩对比分析

薄板弯矩分为 x 方向与 y 方向,由于 y 方向自由边的存在,y 方向弯矩远小于 x 方向弯矩。故在下文对薄板弯矩进行分析时,仅对薄板最大弯矩(x 方向弯矩)进行分析。值得注意的是,通过理论解析得到的弯矩计算结果为薄板单位宽度的弯矩值,单位为 $N \cdot m \cdot m^{-1}$ 因此,弹性薄板 x 方向弯矩需乘以管幕间距(0.45m)才可以得到作用在单根管幕结构上的弯矩值。图 5-30 给出了连续梁与弹性薄板理论计算得到的不同截面管幕的最终弯矩图。可以看出,弹性薄板理论计算得到的弯矩最大,达到 157.5kN·m,不同截面的弯矩值较为接近；简支梁的计算结果为 146kN·m。弹性薄板理论的弯矩计算结果稍大于简支梁理论的计算结果,但两者相差仅为 7.9%。因此,在对管幕进行设计时,可利用弹性薄板理论的弯矩计算结果或简支梁理论的弯矩计算结果乘以一定的安全系数进行承载力设计,保证管幕的有效性以及施工的安全性。

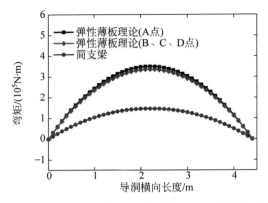

图 5-30　不同理论计算得到的管幕 x 方向弯矩曲线

5.7.3　参数影响对比分析

在本节中拟通过对钢管壁厚度、注浆材料弹性模量、导洞开挖跨度以及作用在管幕上的荷载大小等参数取不同的值,对不同参数下弹性薄板与简支梁模型的计算结果进行对比分析。由于篇幅限制以及为便于分析,在后文中取不同参数下薄板挠度、x 方向弯矩的最大值与简支梁理论的计算结果进行对比分析。

1. 导洞开挖跨度的影响

分别取导洞跨度为 2m、3m、4.4m、6m,得到不同理论计算的挠度和弯矩随导洞开挖跨度的变化规律,如图 5-31 所示。弹性薄板理论和简支梁理论挠度和弯矩的计算结果均随导洞开挖跨度的增大而非线性增大。弹性薄板理论与简支梁理论的弯矩和挠度计算结果较为接近。当导洞跨度为 6m 时,弹性薄板和简支梁的挠度计算结果相差约为 8.3%,而弯矩计算结果相差约为 8.8%。综上所述,横向管幕结构的弯矩和挠度计算结果对导洞跨度参数的变化较为敏感,在进行设计时应根据不同导洞跨度对管幕结构进行合理的选取。

2. 上覆土层厚度的影响

取上覆土层厚度分别为 3m、5m、7m、9m、11m,且土体重度仍为 20kN/m^3,得到不同理论下挠度与弯矩随上覆土层厚度的变化规律,如图 5-32 所示。可以看出,弹性薄板与简支梁的挠度和弯矩计算结果均随上覆土层厚度增长而线性增长。弹性薄板的挠度和弯矩计算结果稍大于简支梁的计算结果,且随着上覆土层厚度的增加,弹性薄板理论的挠度和弯矩计算结果与简支梁理论的弯矩计算结果差异越来越大。当上覆土层厚度达到 11m 时,弹性薄板理论和简支梁理论的挠度计算结果分别为 6.5mm 和 6mm,两者相差为 8.3%;而弯矩计算结果分别为 249kN·m 和 228kN·m,两者相差 9.2%。结合导洞开挖跨度的分析结果,可以看出弹性薄板理论的挠度和弯矩计算结果均稍大于简支梁计算结果,但不超过 10%。因

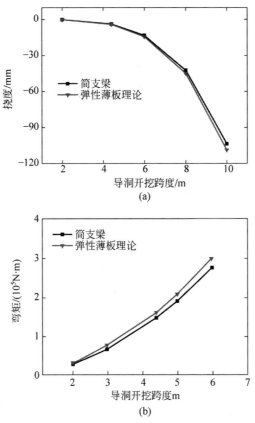

图 5-31　不同开挖跨度时管幕最大挠度、弯矩对比曲线

（a）不同开挖跨度时管幕最大挠度对比图；（b）不同开挖跨度时管幕最大弯矩对比图

此在进行管幕设计时，宜采用弹性薄板理论和简支梁理论对管幕进行承载力设计，当使用简支梁理论进行管幕设计时，应乘以一定的安全系数保证管幕结构的有效性。

3. 钢管壁厚的影响

图 5-33 所示为钢管壁厚分别为 10mm、12mm、14mm、16mm 时，不同理论的挠度计算值随钢管壁厚的变化趋势图。对图 5-33 进行分析可知，随着钢管壁厚的增加，不同理论计算得到的挠度在减小，当壁厚从 10mm 增加到 16mm 时，弹性薄板理论计算的挠度从 6mm 减小到 4.1mm，简支梁从 5.6mm 减小到 3.8mm，两者的计算结果较为接近。

4. 浆体弹性模量的影响

图 5-34 所示为在不同浆体弹性模量下，不同理论的挠度计算结果变化趋势图。由图 5-34 可以看出，随着浆体弹性模量的增加，管幕挠度近似于线性减小，但减小幅度较小；当浆体弹性模量从 1GPa 增加到 10GPa 时，弹性薄板理论计算的

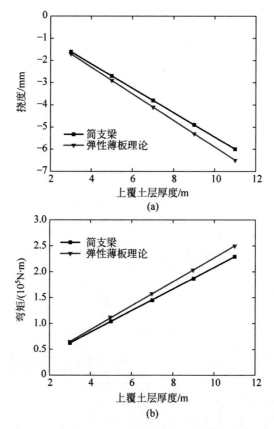

图 5-32　不同上覆土层厚度时管幕最大挠度、弯矩对比曲线

（a）不同上覆土层厚度时管幕最大挠度对比图；（b）不同上覆土层厚度时管幕 x 方向最大弯矩对比图

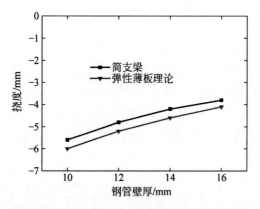

图 5-33　不同钢管壁厚时管幕最大挠度对比曲线

挠度从 4.2mm 降低到 3.8mm,简支梁从 3.8mm 降低到 3.4mm,可见浆体弹性模量对挠度的影响甚微。

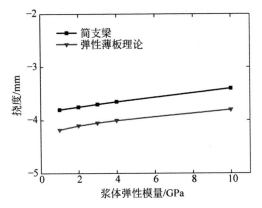

图 5-34　不同浆体弹性模量时管幕最大挠度对比曲线

第6章

上穿既有地铁运营
隧道微变形控制技术

当新建隧道从既有线上方穿越时,常会导致地面出现较大沉降,并且如果其与既有隧道间距较小,会使既有隧道结构出现严重的局部隆起。这些情况有可能直接影响列车安全运行和周围建筑环境的安全,甚至会对地铁站线和周围建筑造成永久性损坏。

本章针对一个暗挖上穿既有地铁运营隧道的工程,采用了现场数据监测和采集、数值模拟等手段,并对其数据进行了整理和分析。在此基础上,对超浅埋地层新建隧道上穿既有线变形规律,以及以管幕法为主的上穿既有地铁运营隧道微变形控制技术在工程中的效果、作用以及影响因素进行了研究。

具体研究内容如下:

(1) 地表及既有线变形监测点布置;

(2) 施工完成后既有线变形的最大位置和最大变形量的确定;

(3) 既有线的变形特征;

(4) 既有线结构顶部竖向变形和底部竖向变形差异分析;

(5) 全阶段施工过程中地表沉降,隧道结构竖向位移,隧道结构水平位移,轨道结构沉降等监测数据分析。

6.1 依托工程介绍

北京地铁新机场暗挖上穿既有 10 号线盾构区间工程,采用以管幕法为主,配合锚索、桩、深孔注浆等措施的"上穿既有地铁运营隧道微变形控制技术"。本章以此为背景,介绍了在超浅埋地层中新建隧道暗挖上穿既有盾构区间隧道工程实例,分析了施工中地层和既有线变形的现场监测和模拟分析数据,研究了施工中实际变形规律、既有隧道微变形控制效果及其影响因素等内容,得出了相应的结论。

6.1.1　工程概况

新建新机场线大兴新城—草桥区间位于马草河东侧、镇国寺北街南侧地块内，线路全长 264.351m。

该区间和 19 号线新发地—草桥(新—草)区间并列设置，标段起点设盾构接收井并顺接磁各庄—草桥盾构区间，向北暗挖下穿草桥村养老院，于绿雕公园内设置风井，继续向北暗挖上跨 10 号线草桥—纪家庙盾构区间(以下简称"草—纪区间")、下穿镇国寺北街到达草桥站。区间采用明挖法＋暗挖法施工，其中盾构接收井至穿越养老院部分采用 CRD(交叉中隔墙法)施工，过养老院至区间活塞风井部分采用明挖法施工，区间活塞风井至草桥站部分(上跨 10 号线、下穿镇国寺北街)采用洞桩法施工。新建新机场线上跨既有 10 号线区间线路平面图如图 6-1 所示。

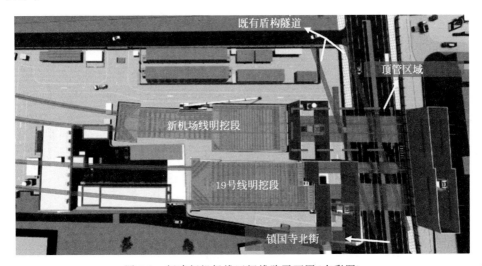

图 6-1　新建新机场线区间线路平面图(有彩图)

新建新机场线暗挖区间上跨既有 10 号线草—纪区间、下穿镇国寺北街，采用浅埋暗挖法施工，全长 60.0m。区间结构采用微拱直墙断面形式，区间结构最大开挖高度 9.3m，最大开挖宽度 14.8m，拱顶覆土厚度约 4m，区间底部管幕外皮距盾构区间顶竖向最小净距 0.45m。镇国寺北街下方存在上水、雨水、污水、中压燃气等多条市政管线，其中 600mm 雨水管与隧道初支外皮竖向最小净距仅 1.07m。控制既有结构及轨道变形，地表沉降，以及管幕打设精度是该工程中的重点、难点。

风险关系见图 6-2。

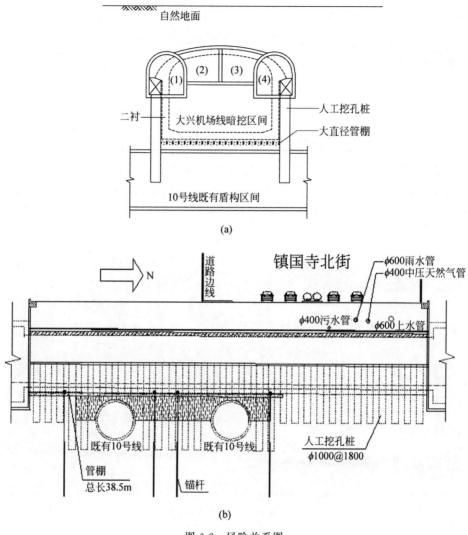

图 6-2 风险关系图
（a）横剖面图；（b）纵断面图

6.1.2 工程地质概况

该新建工程主要位于圆砾和粉细砂地层中,既有线完全位于砂卵石地层,无地下水。工程地质剖面图见图 6-3。

6.1.3 控制既有隧道变形措施

上穿段施工中采用了以新建隧道底部施作超前管幕为主,配合以抗拔桩、锚索、深孔注浆等施工工艺,形成了一整套针对上穿既有隧道工程的微变形综合控制

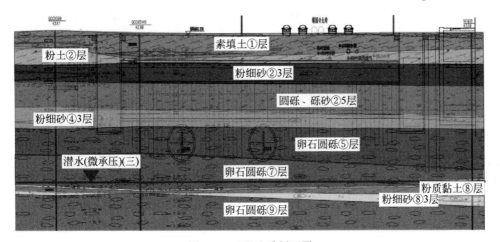

图 6-3 工程地质剖面图

技术。下面详细介绍工程采用的各控制措施。

1. 管幕

为减小暗洞开挖对既有 10 号线的影响，二衬扣拱过程中，竖井继续向下开挖至底，并在南侧竖井内于暗洞底部单向打设超前管幕，主动控制既有盾构变形，管幕采用 D402，$t=16\text{mm}$ 无缝钢管，水平间距 450mm，单根长 38.5m，管内填充水泥砂浆，用于提高钢管整体的刚度及整体性。管幕布置具体见图 6-4。

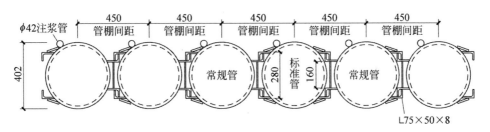

图 6-4 管幕分布图

管幕的施工工序主要包括施工前准备、机械设备就位、钢管顶入、钢管连接及密封注浆。

该工程管幕法施工机械为 ABS-800 型螺旋顶管机，采用螺旋出土、套管跟进工艺，管幕钢管可以作为外部套管，把配有钻头的螺旋钻杆安装在钢管内部。依靠螺旋钻杆的旋转动力和套管的顶推力向前顶进。在向前顶进过程中，螺旋钻杆带动钻头切削土层，并把松土由螺旋钻杆排到钢管外。螺旋钻杆如图 3-3 所示。过程中边顶进、边切削、边出渣，将管幕钢管逐段向前顶进，钢管管节之间采用等强焊接连接，相邻钢管焊缝错开布置。单根管幕法施工顺序为：测量定位→破除初支→分节顶进及出土→验孔→封端→灌浆。

根据目前 19 号线平安里站管幕法施工经验，在粉质黏土及粉细砂地层中，

19m 长管幕法施工精度控制在 5cm 以内,该工程 38.5m 长管幕法施工精度基本可以控制在 10cm 以内。为检验新设备的现场实际操作性能及工人操作控制水平,在左侧原位先试打一根,试打过程严格控制顶进速度,使顶进速度与出土相协调,以减少顶力,顶进过程中及时纠偏,验证工程管幕法施工精度。

2. 板凳桩

1 号导洞贯通后,施作导洞内洞桩,洞桩直径 1000mm,间距 1800mm。洞桩布置详见图 6-5。考虑现场作业条件,同时为防止机械成孔对既有 10 号线周围土体产生扰动,洞桩采用人工挖孔灌注成桩,洞桩采取"隔二施一",且上一根灌注完成后方可进行下一根桩开挖。位于盾构区间上方洞桩,施工前仔细复核洞桩与 10 号线区间相对位置,确定该范围每根洞桩桩底标高(即洞桩长度),洞桩开挖到设计桩底上 50cm,需随时量测孔深,避免超挖。

1 号边导洞桩顶部设置冠梁,冠梁截面尺寸为 1200mm×1685mm(宽×高),洞桩施作完后,凿除灌注桩桩顶的浮浆,进行混凝土冠梁施工,将所有的围护桩连接起来成为一个整体作为二衬扣拱支撑梁,为二衬扣拱施工提供条件。为保证冠梁整体刚度,单道冠梁钢筋绑扎、砼浇筑一次完成。施工平面图见图 6-5。

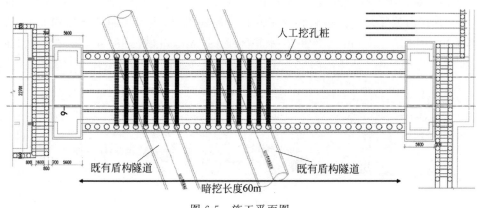

图 6-5　施工平面图

3. 预应力锚索

既有线区间两侧共设置四道锚索,每道锚索横向设置五根,单根锚索长 17m(锚固段 10m,自由段 7m)。按前述施工步骤,每区段土方开挖至锚索位置,随即施作锚索,使预应力锚索拉住管幕及时发挥作用,主动控制既有线隆起。

根据地勘资料显示,本工程锚索施工所处地层主要为卵石/圆砾⑤层和卵石圆砾⑦层,针对该地层拟采用套管跟进、压水钻进方法成孔,同时考虑二次高压劈裂注浆对 10 号线影响,设计阶段已加长锚固段长度,保证在一次常压注浆情况下满足锚固力要求。施工工艺流程见图 6-6。

4. 底板深孔注浆

底板垫层浇筑后,采取地面垂直深孔注浆对既有线区间上方、两线间及两侧

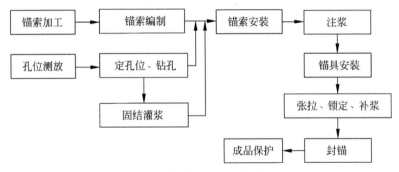

图 6-6　锚索施工工艺流程图

3m 范围内土体进行低压注浆,该工程采用双重管工艺,二重管钻机洞内地面钻孔至设计孔深,然后边提钻杆边注浆,对加固深度范围内土体进行加固。注浆范围详见图 6-7,注浆孔直径为 ϕ50mm,孔间距 500mm×485mm,浆液扩散半径取 0.3m,根据地层渗透情况,考虑对既有 10 号线区间影响,注浆压力控制在 0.2~0.3MPa,盾构区间上方及靠近盾构区间边线 3m 范围内注浆压力控制在 0.2MPa,3m 范围外注浆压力控制在 0.3MPa。

　　注浆采取先外后内的顺序操作,先注四周,再注中间区域,提高注浆效果,并采取跳孔注浆,使浆液逐渐达到挤压密实。洞内注浆布孔图见图 6-7。

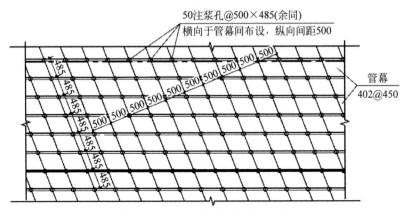

图 6-7　洞内垂直深孔注浆布孔图

6.1.4　整体施工工法

新建隧道采用洞桩法进行施工,施工步骤如下。

第一步:首先在围挡范围内进行地面垂直深孔注浆加固上导洞拱部地层,然后在南北端竖井内对向打设超前管棚,从两端竖井进洞施工两侧的 1 号导洞。导洞开挖前于拱部 180°范围内设置超前小导管并注浆,导洞施工至道路下方时,在洞内进行超前深孔注浆,如图 6-8(a)所示。

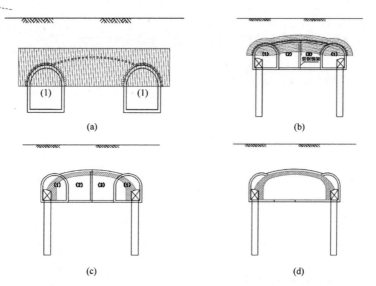

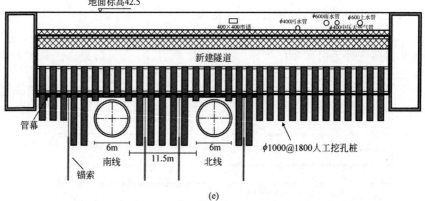

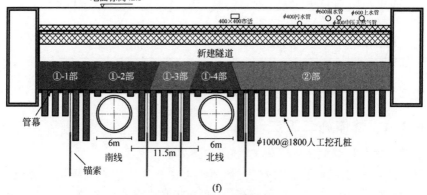

图 6-8 施工步骤序图

(a) 第一步;(b) 第二步;(c) 第三步;(d) 第四步;(e) 第五步;(f) 第六步

第二步：1 号导洞进洞 10m 后施工 2 号导洞，2 号导洞进洞 10m 后施工 3 号导洞，均南北对向施工，与既有 1 号小导洞初支进行有效连接，完成初支扣拱。1 号导洞洞通后施工洞内人工挖孔桩及桩顶冠梁，如图 6-8(b) 所示。

第三步：2、3 号导洞洞通，1 号导洞洞内挖孔桩和冠梁施工完成后，施作导洞内二衬，每 10m 一段跳仓施工，保留格栅主筋及型钢支撑，如图 6-8(c) 所示。

第四步：二衬扣拱完成达到设计强度后，拆除导洞内中隔壁，如图 6-8(d) 所示。

第五步：二衬扣拱过程中，竖井继续向下开挖至底，并在南侧竖井内超前打设下管幕，如图 6-8(e) 所示。

第六步：南侧①部和北侧②部同步对向开挖，其中南侧①部土体从南往北分 4 块单向开挖，并随做锚索；吊脚桩范围分台阶施工水平型钢支撑(上、下两道)，如图 6-8(f) 所示。

6.1.5 既有隧道及变形控制标准

既有 10 号线区间采用盾构法施工，管片外径 6m，厚度为 300mm，环宽 1.2m。采用 60kg/m 钢轨，铺设无缝线路。

上跨段位于曲线地段，曲线地段左线半径为 500m，右线半径为 550m，线路纵坡坡度 2.2%。上跨段铺设一般整体道床及梯形轨枕道床，采用 DTVI2、DTVI2-T 型扣件。经检测左右线轨道轨距、水平的尺寸偏差均满足要求，线路状态正常。管片横截面示意图见图 6-9。

图 6-9 管片横截面示意图

按照北京地铁 10 号线运营单位的要求,施工中对上穿段的既有区间隧道进行监控。按照相关规定对不同项目拟定严格的变形控制标准,通过保证既有结构变形不超过控制标准,以确保施工过程中运营隧道结构不会受到较大的安全威胁。具体实施的变形控制标准,见表 6-1。

表 6-1　既有结构变形控制标准

位　　　置	项　　　目	控　制　值
区间主体结构	竖向隆起	2.0mm
	横向位移	2.0mm
	变形速率	0.5mm/d
轨道	竖向隆起	2.0mm
	横向位移	2.0mm
	变形速率	0.5mm/d
既有盾构管片	管片错台	2.0mm
既有盾构区间	收敛	2.0mm

6.2　施工过程现场监测

在本节中,通过对实际施工过程中既有线和地层的监测,获得地表沉降、既有结构水平竖向位移、轨道结构沉降等数据,对这些数据进行分析,得出实际施工过程中的变形等规律,并可评价不同施工步骤下的既有结构的变形控制效果。

6.2.1　监测方案与监测点布设

为了研究采用大直径管幕控制既有盾构隧道隆起的施工效果,对新建隧道附近进行了地表沉降监测、既有隧道变形监测、既有轨道结构变形监测等。监测方案和监测点的布置如下。

1. 地表沉降监测

地表沉降监测断面与新建隧道中线正交布置,沿新建隧道横向布置两排监测点,分别记为 DB-19-01~DB-19-10 和 DB-20-01~DB-20-10。

地表沉降监测示意图如图 6-10 所示。

2. 既有隧道竖向变形

影响范围内的隧道结构沉降监测点布设于区间结构侧墙上。施工影响区范围内监测点以穿越既有结构的中心位置为中心由密到疏布置,中心位置监测点间距 5~10m,两端监测点间距 10~20m,每个断面布设两个监测点,具体布点见图 6-11。

监测点标志采用直径 8mm 的膨胀螺栓,按设计位置钻孔埋入。监测点埋设不得影响地铁设施,保证埋设稳固,并做好清晰标记,以方便保存。地铁隧道结构沉

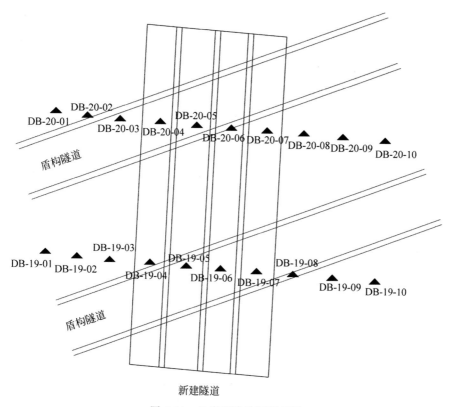

图 6-10 地表沉降监测示意图

降监测采用几何水准测量方法,使用 Trimble DINI03 电子水准仪观测,电子水准仪自带记录程序,记录外业观测数据文件。

3. 既有隧道水平位移

影响范围内的隧道结构水平位移监测点布设于区间结构侧墙上,布设断面与竖向位移监测断面基本一致,点位布置见图 6-11。

4. 轨道结构沉降

在区间轨道结构上埋设轨道沉降监测点,施工影响区范围监测点以穿越既有结构的中心位置为中心由密到疏布置,中心位置监测点间距 5～10m,两端监测点间距 10～20m,每个断面布设两个监测点。测点埋设形式如图 6-12 所示。

6.2.2 监测数据分析

在施工现场按照 6.2.1 节的内容进行监测点的布设,每日测量并获取地层和地铁隧道的变形数据,对这些数据分类整理并进行地表沉降分析、隧道结构竖向位移分析、隧道结构水平收敛分析、轨道结构竖向位移分析。

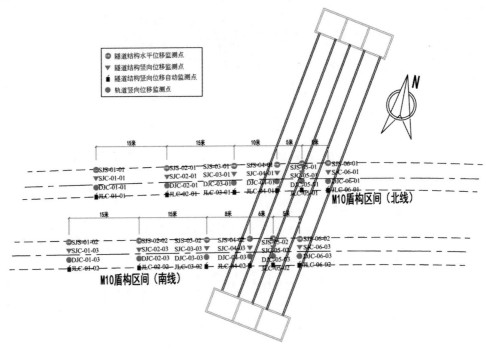

图 6-11　监测点布置图

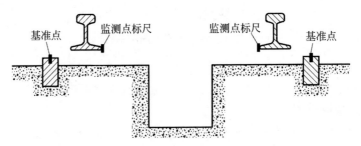

图 6-12　监测点埋设示意图

1. 地表沉降分析

由图 6-13 可以看出,在上部四个导洞开挖过程中,地表沉降先是从稳定阶段逐步变化至快速沉降阶段,在二衬扣拱、施作板凳桩和打设管幕阶段,在初期支护的作用下地表变形得到有效的控制,地表沉降的速度明显减缓,进入缓慢沉降阶段;在上部导洞施工完成以后,下部土体的开挖和施作二衬的过程中,由于上部导洞二衬施作完毕,和边桩一起形成了稳定的洞室支护体系,所以地表沉降的变化趋势趋于平缓。因此,地表沉降的变化可以总结为以下三个阶段:快速沉降阶段,缓慢沉降阶段,稳定阶段。

地表最大沉降达到 23mm,小于安全控制值 30mm 的要求。从图 6-13 中可以看出,在两排监测点中,DB-19-05～DB-19-08 和 DB-20-05～DB-20-08 监测点地表

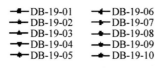

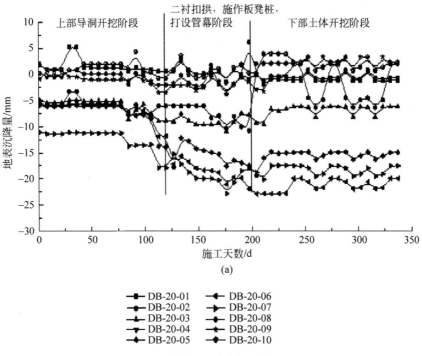

(a)

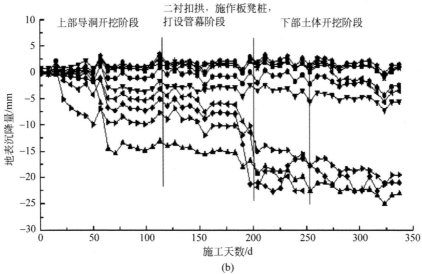

(b)

图 6-13　地表沉降历程曲线图(有彩图)

沉降发生了较大的变化,上述监测点主要分布在新建隧道两侧10m范围内,可见新建隧道的开挖过程对横断面两侧10m范围内的土体产生了较大的影响,所以,在开挖过程中要提高对该区域的监测频率。

2. 隧道结构竖向位移分析

图6-14和图6-15所示为对既有隧道南北线结构竖向变形的人工监测数据统计,从图中可以看出,整个施工阶段既有线的竖向变化趋势大致可以分为四个阶段:轻微隆起阶段,缓慢下降阶段,快速上升阶段和后期稳定阶段。在160~180d隧道竖向变形出现了明显的沉降,原因是在这期间管幕的施工贴近既有线上方,打设管幕会挤压周围的土体,并且回填注浆的压力也会对既有线产生一个向下的压力。在掌子面穿越南北线隧道时,由于上部覆土卸载,导致既有隧道原有的应力平衡被破坏,出现了隆起现象。由于掌子面穿越南北线隧道的时间不同,北线隧道的变化略微滞后于南线隧道。在施工时间300天左右时,新建隧道已完成穿越过程,随着后期二次结构的施作和对底板下补偿注浆,既有线竖向变形趋于稳定,并伴随少量的回落。

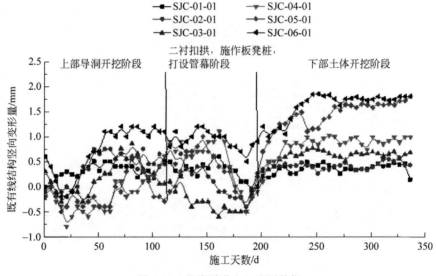

图6-14　北线隧道人工监测数据

从监测数据来看,北线隧道最终竖向变形量在1.3~1.65mm,南线隧道的最终变形量在1.5~1.85mm,两条线路变形量最大值为1.85mm。南线出现最大变形值的位置是SJC-04-03监测点,经过了后期的稳定阶段,最终变形值稳定在1.8mm左右;北线隧道变形最大值出现在SJC-06-01监测点,最终变形值稳定在1.6mm左右。

图6-16和图6-17所示为对既有隧道南北线结构竖向变形的自动化监测数据统计,相比人工监测数据,自动化监测数据波动更小,从中可以更直观地看出隧道

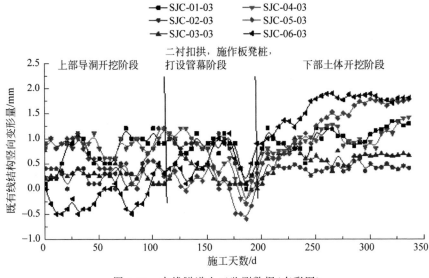

图 6-15　南线隧道人工监测数据(有彩图)

变形的规律。对比图 6-16 和图 6-17 可以发现,南线隧道的变化更加同步,北线隧道监测点 JLC-06-01 的数值出现了较大的变化。从监测数据可以看出,北线隧道最终变形量在 1.2～1.6mm 范围内,南线隧道最终变形量在 1.4～1.75mm 范围内。对比人工监测数据和自动化监测数据,发现南线隧道竖向变形最大值都要大于北线隧道竖向变形最大值,所以在新建隧道开挖过程中南线隧道受到的扰动更大。

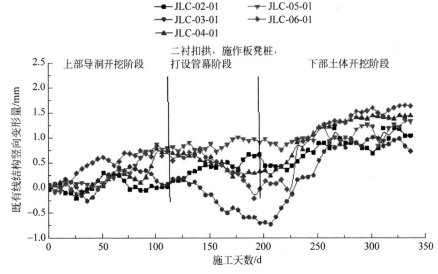

图 6-16　北线隧道自动化监测数据(有彩图)

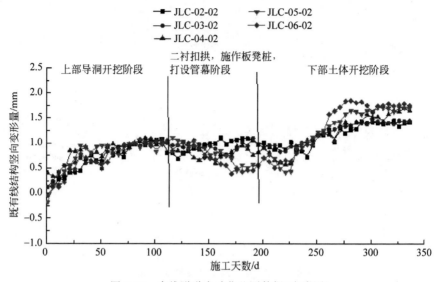

图 6-17　南线隧道自动化监测数据(有彩图)

3. 隧道结构水平收敛分析

隧道结构的水平收敛可以直接反映盾构管片和周围地层的相互作用。从图 6-18 中可以看出,北线隧道的水平收敛位移范围在 $-0.55 \sim 0.7\text{mm}$ 之间,收敛最大值出现在 SJS-05-01 监测点,该点所处位置与北线隧道和新建隧道交点重合;距离交点位置 25m 范围内 SJS-04-01、SJS-03-01 监测点位变化范围在 $\pm 0.5\text{mm}$ 以内。从图 6-19 中可以看出,南线隧道的径向收敛范围在 $-0.48 \sim 0.6\text{mm}$ 之间,收敛值变化最大的点出现在 SJS-06-02 监测点。南北线隧道的水平收敛位移最终都趋于稳定,最大收敛值为 0.7mm;前期上部导洞施工过程中,隧道水平收敛有所波

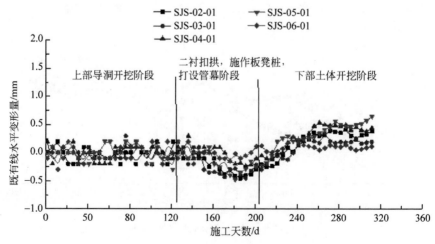

图 6-18　北线隧道结构水平位移图(有彩图)

动,但是波动范围较小,从监测数据可以看出,在施工过程中管片整体性较好,管片强度满足安全需要,新建隧道在穿越的过程中对既有线水平位移的影响比较小。

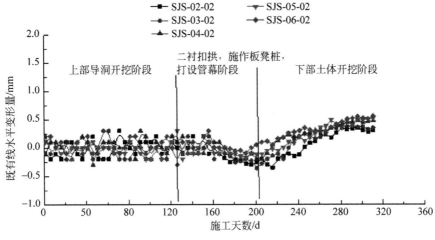

图 6-19　南线隧道结构水平位移图(有彩图)

4. 轨道结构竖向位移分析

盾构隧道的轨道结构的稳定性会对地铁运营的安全性产生重要的影响,南、北线隧道轨道结构的竖向变形图如图 6-20 和图 6-21 所示。从图 6-20 中可以看出,北线隧道轨道结构最大变形量为 1.37mm,出现在 DJC-05-01 监测点,距离新建隧道和北线隧道的交点位置 5m。从图 6-21 中可以看出,南线隧道轨道结构最大变形量为 1.48mm,最大变形量出现的位置在 DJC-05-03 监测点,南、北线隧道轨道

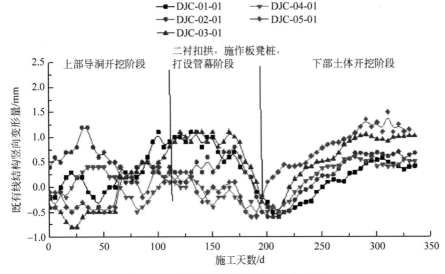

图 6-20　北线隧道轨道结构竖向变形图

竖向位移最终趋于稳定,北线隧道竖向变形稳定在 1.3mm,南线隧道竖向变形稳定在 1.5mm。

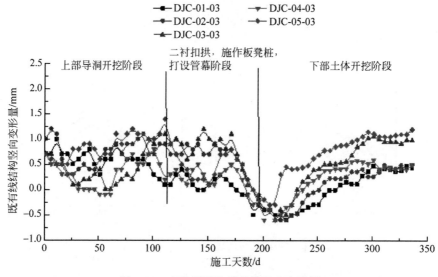

图 6-21　南线隧道轨道结构竖向变形图

南、北线隧道轨道竖向变形趋势大致相同,相比隧道结构自身竖向变形历程曲线,轨道结构反应要略微滞后于隧道结构。但是轨道结构的变化规律也经历了四个阶段,与隧道结构变化规律基本一致,可以认为轨道结构和隧道结构同步发生变化,不会出现轨道脱离的现象。

6.2.3　实测结果小结

在本节中,通过收集暗挖上穿既有盾构隧道施工中现场监测的地表沉降变形、既有线变形(整体竖向位移、收敛变形)、轨道变形数据,分析实际工程的工程效果,并总结实际变形数据得出规律。具体结论如下:

(1)地表沉降。实测结果中地表最大沉降达到 23mm。地表沉降的变化过程可以分为三个阶段:快速沉降阶段,缓慢沉降阶段,稳定阶段。

(2)既有线竖向位移。在整个施工过程中,既有线的竖向变化可以分为四个阶段:轻微隆起阶段,缓慢下降阶段,快速上升阶段和后期稳定阶段。

(3)水平收敛。在施工过程中管片整体性较好,管片强度满足安全需要,新建隧道在穿越的过程中对既有线水平位移的影响比较小。

(4)轨道变形。轨道结构与隧道结构的变化规律基本一致,轨道结构和隧道结构同步发生变化,不会出现轨道脱离的现象。

综上所述,通过对施工中上述几方面的监测数据进行分析和总结,说明了在暗挖上穿既有盾构隧道工程中采用大直径超前管棚法等工法控制既有隧道,使得既有隧道最终隆起变形较小(小于控制值),在实际工程中管棚工法控制隆起的效果良好。

6.3　施工过程数值模拟

为了分析大直径管棚在上穿既有线工程中的作用效果和规律,在本节中,参考6.1节介绍的施工步骤,采用岩土工程大型通用有限差分法计算软件 Flac 3D 建立不同施工步下的上穿既有 10 号线施工全过程数值模型,以此模拟真实的施工过程,最终获得了结构和地层位移的相关规律。具体过程如下。

6.3.1　数值模型的建立

1. 基本假定

为了便于数值模型的建立,同时方便计算,需要对计算模型作以下假定:

(1) 默认既有隧道结构承受来自上部土体的荷载及自重;

(2) 土体均为各向同性材料,不考虑土体中由地层软弱面引起的介质不连续性;

(3) 土体在弹塑性范围内变化,考虑主体结构、衬砌、桩等的线弹性变形;

(4) 不考虑施工过程中出现的活荷载、地面荷载以及列车运行产生的动荷载。

2. 模型及参数

为避免边界效应,取模型尺寸为长 60m,宽 60m,高 45.8m。根据地勘报告所提供的数据把土体分为三层,从上到下土层性质依次为:人工填土层,粉细砂层,砂卵石层。由于实际土体的土层分布较为均匀,为了便于建模可以近似认为土体在同一层内均匀且连续。各层土体及地层加固区域遵循摩尔-库仑准则,隧道衬砌均采用以六面体为主的实体单元模拟,边桩、锚索、管幕钢管采用结构单元模拟。土体的力学参数采用施工提供的该项目地勘报告中推荐的岩土力学参数。模型上边界为自由边界。模型的四周为限制位移边界,限制水平方向的移动。模型底部采用固定约束。模型网格见图 6-22,材料参数见表 6-2。

图 6-22　模型示意图

表 6-2　材料参数

土层	密度/(kg/m³)	体积模量/MPa	剪切模量/MPa	泊松比 μ	黏聚力/kPa	内摩擦角/(°)
人工填土	1920	5.5	4.1	0.2	5	15
粉细砂	1900	18.9	9.7	0.28	0	25
砂卵石	2050	74.1	30.3	0.32	0	38
注浆区	2300	1520	781	0.25	600	31
管棚	1900	5560	4170	0.25	—	—
管幕	7800	21000	11800	0.3	—	—
隧道初支	2400	7250	3940	0.27	—	—
隧道二衬	2500	21700	11800	0.27	—	—

3. 施工过程模拟

为更好地对施工过程进行分析,结合 6.1 节中介绍的施工工法(对施工步骤作了合理的简化)确定数值模拟中的施工步骤。新建隧道整体施工的模拟可以分为以下几步。

(1) 建立计算模型,计算初始地应力至平衡状态,初始位移和加速度清零。

(2) 既有 10 号线开挖,施作衬砌,计算至平衡状态,土体位移清零。

(3) 超前打设小导管及深孔注浆加固地层,上部导洞开挖。

(4) 打设板凳桩。

(5) 上部导洞破除初支,施作二衬,顶部扣拱。

(6) 既有线上方打设管幕,管幕周围补偿注浆。

(7) 下部土体分部开挖,施作二衬,向下打设锚索,既有线正上方位置的施工区域加设横向支撑。

① 下部土体纵向 0～7m 范围内进行开挖;

② 下部土体纵向 7～20m 范围内进行开挖,在 7m 处打设第一道锚索,在新建隧道侧墙加设钢支撑;

③ 下部土体纵向 20～25m 范围内进行开挖,在 20m 处打设第二道锚索,在新建隧道侧墙加设钢支撑;

④ 下部土体纵向 25～37m 范围内进行开挖,在 25m 处打设第三道锚索,在新建隧道侧墙加设钢支撑;

⑤ 下部土体纵向 37～60m 范围内进行开挖,在 37m 处打设第四道锚索,在新建隧道侧墙加设钢支撑。

上述模拟步骤如图 6-23 所示。

4. 监测点布置

为了在后期分析管幕的作用效果和影响因素,需要监测数值模拟中各个施工步骤的结构和土层变形、应力等信息,因此在建模过程中在模型上设置监测点。

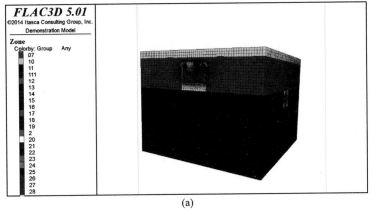

(a)

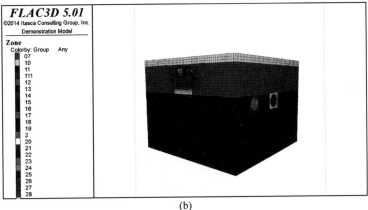

(b)

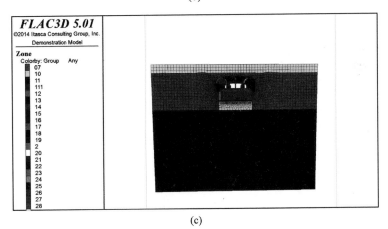

(c)

图 6-23　施工步骤模拟示意图

（a）建立计算模型，计算初始地应力至平衡状态；（b）既有 10 号线开挖，施作衬砌，计算至平衡状态；

（c）上部导洞开挖；（d）打设板凳桩；（e）上部导洞破除初支，施作二衬，顶部扣拱；

（f）既有线上方打设管幕，管幕周围补偿注浆；（g）下部土体分部开挖，施作二衬，底板回填注浆

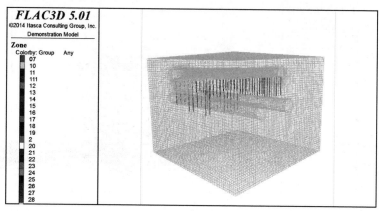

(d)

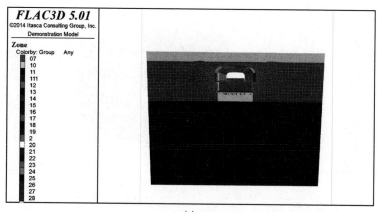

(e)

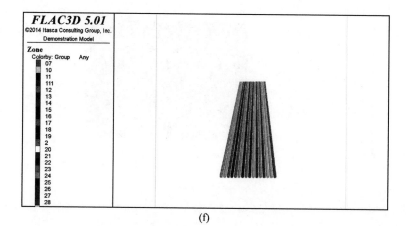

(f)

图 6-23 （续）

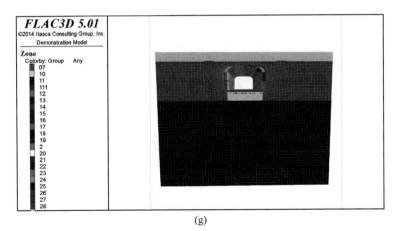

(g)

图 6-23　（续）

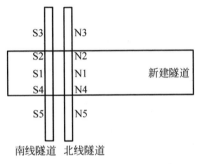

图 6-24　隧道竖向位移监测示意图

　　既有隧道结构竖向位移的监测采用在圆形隧道顶部布置测点的方法进行,根据工程经验,在新建隧道和既有隧道交叉重合的区域结构变形和土体位移最为明显,所以对此部位进行密切监测。在南北线隧道内各布置五个断面,南线隧道在新建隧道中心线对应位置布置一个监测点,记为 S1,在 S1 两侧5m、10m 处各布置一个监测点,记为 S2~S5,北线隧道相同位置记为 N1 ~ N5,详见图 6-24。

　　地表沉降的监测点布置在新建隧道上方土体地表位置,以开挖断面中轴线对应的地表为中心线,在两侧 20m 范围内布置监测点,具体监测点布置(断面图)见图 6-25。

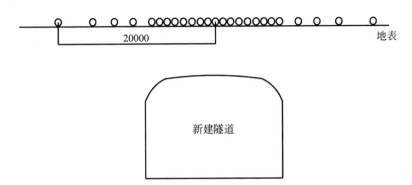

图 6-25　地表沉降监测示意图

为方便计算和分析土体位移,在新建隧道中轴线的位置选取一个纵剖面作为观察面,如图 6-26 所示。

图 6-26　数值模型位移观测平面图

6.3.2　位移计算结果

1. 土体竖向位移

在模拟完成每一个施工步后,提取土体竖向位移计算结果。为了清楚地展示土体竖向位移变形规律,选取 1—1 剖面在第 3 步～第 7 步施工步完成后的位移云图,如图 6-27 所示。

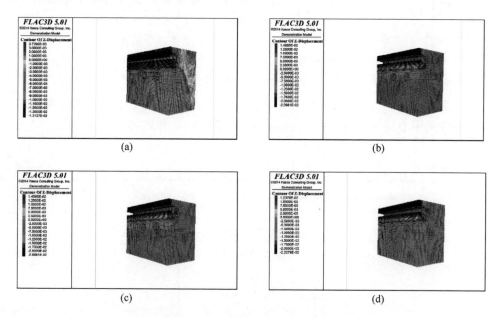

图 6-27　土体竖向位移云图(有彩图)
(a) 第 3 步;(b) 第 4 步;(c) 第 5 步;(d) 第 6 步;(e) 第 7-1 步;
(f) 第 7-2 步;(g) 第 7-3 步;(h) 第 7-4 步;(i) 第 7-5 步

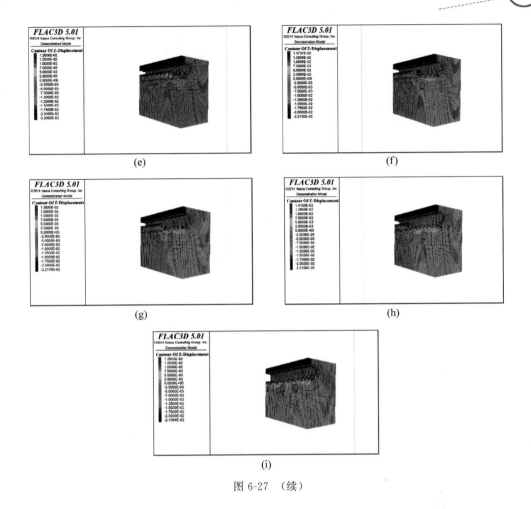

图 6-27 （续）

根据每一个施工步完成后的地表沉降数据绘制地表沉降曲线图,如图 6-28 所示。为更直观地表示地表沉降的变化趋势,选取新建隧道中心线顶部监测点为基准点,记为 DB1,基准点左侧第一个监测点为 DB2,左侧第二个监测点为 DB3,绘制施工阶段时程曲线图如图 6-29 所示。

在对云图和曲线图进行分析后,可以得到以下结论。

(1) 在上导洞开挖完成后,顶部土体出现明显沉降现象,最大沉降位置出现在中导洞上方,最大沉降量为 13.1mm,地表最大沉降量为 11mm,占地表沉降总量的 63%,土体沉降变形从新建隧道中心线向两侧呈现逐步减小的趋势,在新建隧道中心线两侧 9m 范围内受开挖的影响较大。

(2) 土体的开挖是一个卸载的过程,卸载过程中造成的应力不平衡状态导致下部土体出现一定程度的隆起现象,在上部四个导洞开挖完成后,各导洞的底板位置出现了土体的隆起变形,最大隆起达到 3.7mm。在施工过程中,土体开挖后及时施作支护结构,尽早封闭成环,可有效减少开挖面下部土体的隆起现象。

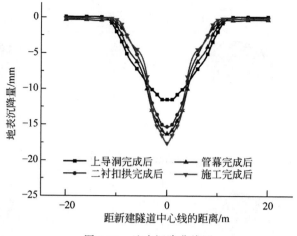

图 6-28　地表沉降曲线图

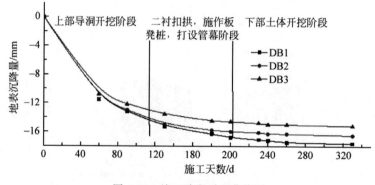

图 6-29　施工阶段时程曲线图

（3）在上部二衬结构施作完成后，顶部土体的沉降呈现增大的趋势，是由于二衬在顶部扣拱的过程中拆除了中隔壁的竖向支撑，导洞的侧墙随着二衬的施作先后拆除，导致支护结构竖向支撑刚度减弱，增大了顶部土体的沉降，顶部土体最大沉降量增大到 20.9mm，地表最大沉降量增大到 16.5mm。

（4）在管幕保护下开挖下部土体的过程中，随着开挖过程的进行，顶部土体的沉降变化较小。相比管幕完成阶段，地表最大沉降量增加了 1.1mm，说明在边桩和二衬扣拱共同形成支护体系后，下部土体的开挖对顶部土体的变形影响较小。但是底板下部土体有隆起现象，影响范围深度在自底板向下 13m 的区域，对既有线结构造成了一定的影响。

（5）施工完成后，地表最大沉降量为 17.6mm，垂直于隧道开挖方向的纵截面，隧道开挖引起的土层沉降与 peck 沉降槽比较相似，地表沉降经历了快速下降、缓慢下降、趋于稳定三个阶段，在第一个阶段需要加大监测频率，以防止出现塌方事故。

2. 既有线结构顶部竖向位移

在计算完成后提取施工步第 3 步～第 7 步既有线结构顶部竖向位移，见图 6-30。

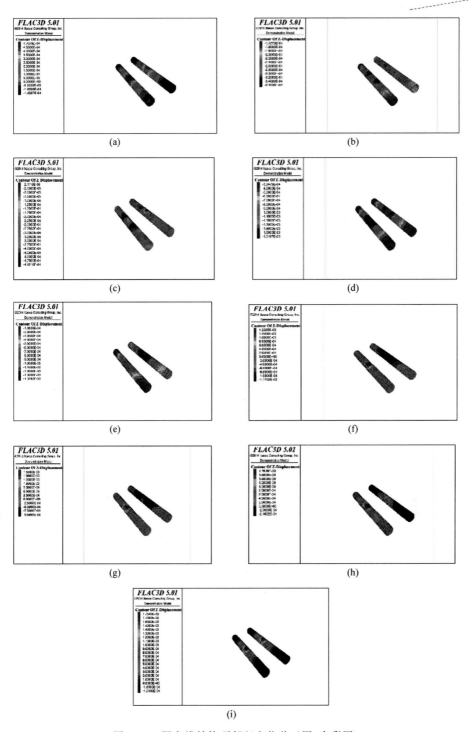

图 6-30　既有线结构顶部竖向位移云图(有彩图)

(a) 第 3 步；(b) 第 4 步；(c) 第 5 步；(d) 第 6 步；(e) 第 7-1 步；(f) 第 7-2 步；

(g) 第 7-3 步；(h) 第 7-4 步；(i) 第 7-5 步

提取既有线结构沿纵向的最终竖向变形结果,如图 6-31 所示。提取既有线结构竖向变形最大值监测点 S1、监测点 N1 在每个施工步结束后的数据进行拟合,绘制施工过程中监测点的历程曲线图如图 6-32 所示。

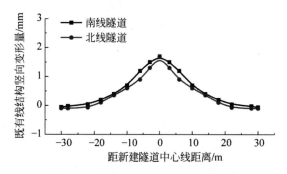

图 6-31　既有线结构顶部竖向变形图

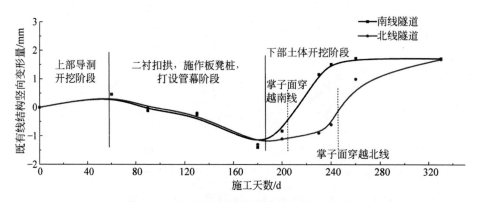

图 6-32　既有线结构顶部监测点历程曲线图

在对云图和曲线图进行分析后,可以得到以下结论。

(1) 上部导洞开挖过程对既有线影响较小,开挖面正下方既有线顶部结构最大隆起 0.4mm。

(2) 在第二个施工阶段,既有线顶部结构上半区即靠近开挖断面的位置出现了局部沉降现象,最大沉降量为 1.5mm,原因是板凳桩的施工和管幕的施工对既有线产生了影响,在板凳桩施作过程中,部分桩的桩底处在既有线结构正上方不足 1m 的位置,人工挖孔、放置钢筋笼及后期的注浆压力均会对既有线结构产生影响。管幕结构位于既有线上方 1m 处的位置,局部最小间距只有 0.3m,顶管过程中钢管对土体的挤压以及后期的补偿注浆均会对既有线结构造成影响。

(3) 下部土体开挖的过程中,随着开挖断面逐步穿越南、北两侧既有线,两侧既有线顶部结构均先后出现局部隆起的现象,最大隆起 1.75mm,最大隆起位置位于南、北线结构顶部。既有线顶部结构隆起呈现出以开挖面中心最大,并沿隧道纵向向两侧减弱的趋势。

（4）从 S1 和 N1 的监测时程曲线可以看出,既有线顶部结构的竖向位移在上部导洞开挖结束后出现了轻微隆起现象,在二衬扣拱、施作板凳桩、打设管幕阶段对既有线结构造成影响,竖向位移由轻微隆起变成缓慢下降,在下部土体开挖过程中,既有线南、北线顶部结构竖向位移先后出现了快速上升的趋势,由于掌子面首先经过南线隧道,所以南、北线隧道出现快速上升趋势的时间有所差异。在掌子面通过既有线结构以后,由于及时地采取了通过底板向下注浆的措施,既有线结构顶部竖向位移的变化逐渐趋于稳定,保持在一个平衡的状态。所以既有线结构的变形可以总结为以下四个阶段:轻微隆起阶段,缓慢下降阶段,快速上升阶段,后期稳定阶段。

（5）在新建隧道施工过程中,既有线结构最大沉降量为 1.5mm,施工完成后既有线结构最大隆起量为 1.7mm,符合设计要求的最大沉降量 3mm、最大隆起量 2mm。

从图 6-33 中可以看出各个施工阶段完成后既有线结构顶部的竖向位移量占总变化量的百分比,其中,打设管幕阶段所造成的既有线结构沉降占总沉降量的 82%。在下部土体开挖 7~20m 阶段内,由于掌子面率先穿越南线隧道,所以在这一阶段,既有线结构隆起变形量占总隆起变形量的 67%,说明在此阶段内,既有线结构发生了从沉降到隆起的局部变化,需要在这一阶段加强对既有线结构的监测。在下部土体开挖 25~37m 这一阶段,掌子面穿越北线隧道,既有线结构隆起量占总隆起量的 57%,这一阶段需要加强对既有线结构变形的监测。

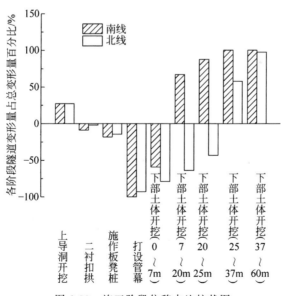

图 6-33　施工阶段位移占比柱状图

3. 既有线结构底部竖向位移

在计算完成后提取施工步第 3 步~第 7 步既有线结构底部竖向位移,见图 6-34。

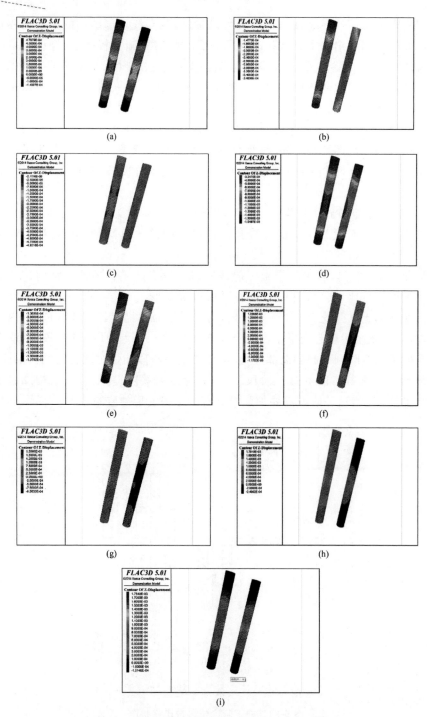

图 6-34　既有线结构底部竖向位移云图(有彩图)

(a) 第 3 步；(b) 第 4 步；(c) 第 5 步；(d) 第 6 步；(e) 第 7-1 步；(f) 第 7-2 步；

(g) 第 7-3 步；(h) 第 7-4 步；(i) 第 7-5 步

　　提取既有线结构底部最终竖向变形结果,绘制既有线结构竖向变形图如图 6-35 所示,提取既有线结构竖向变形最大值监测点 S1、监测点 N1 在每个施工步结束后的数据进行拟合,绘制施工过程中监测点的历程曲线图如图 6-36 所示,并提取各施工步既有结构顶部与底部的竖向位移,如表 6-3 所示。

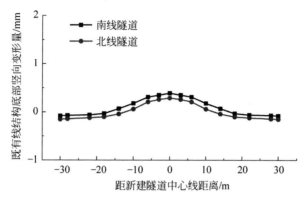

图 6-35　既有线结构底部竖向变形图

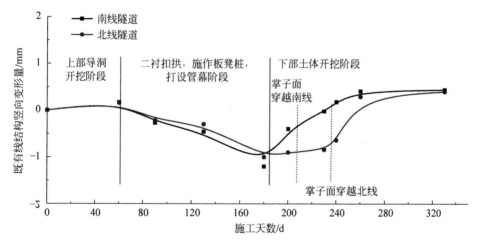

图 6-36　既有线结构底部监测点历程曲线图

表 6-3　既有线结构竖向位移　　　　　　　　　　　　　　　　　mm

项　　目		第 3 步	第 4 步	第 5 步	第 6 步	第 7-1 步	第 7-2 步	第 7-3 步	第 7-4 步	第 7-5 步
既有线结构顶部竖向位移	南线	0.46	−0.12	−0.25	−1.4	−0.83	1.16	1.52	1.73	1.72
	北线	0.46	−0.02	−0.2	−1.3	−1.1	−0.9	−0.6	1	1.69
既有线结构底部竖向位移	南线	0.16	0.13	−0.27	−0.46	−1.2	−0.4	−0.02	0.18	0.41
	北线	0.14	0.1	−0.02	−0.3	−1	−0.96	−0.84	−0.64	0.29

由图 6-31、图 6-35 和表 6-3 可以看出,既有线隧道顶部和底部的变形规律基本一致,既有线底部结构的变形可以分为以下四个阶段:轻微隆起阶段,缓慢下降阶段,快速上升阶段,后期稳定阶段。有所不同的是,顶部结构总变形值比底部结构的大,说明新建隧道的施工对既有线结构顶部影响较大,局部出现不均匀沉降现象。

4. 既有线结构径向收敛

提取第 3 步~第 7 步既有线结构径向收敛云图,如图 6-37 所示。既有线结构径向位移历程曲线如图 6-38 所示。

从图 6-38 中可以看出,在下部土体开挖阶段之前,上部的施工对既有线结构的径向位移影响较小,几乎无变化;在下部土体开挖之后,掌子面未到达既有线之前,隧道两侧径向距离有增大的趋势,随着开挖的进行,掌子面通过既有线以后,上

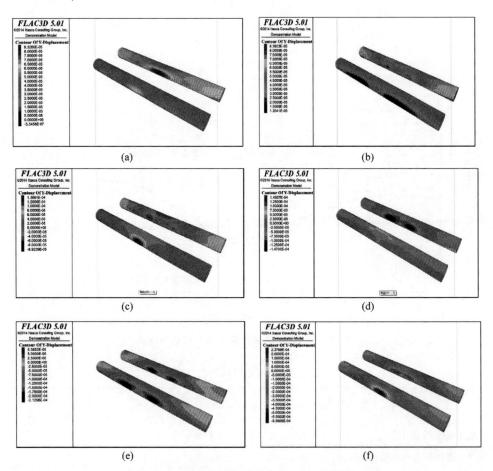

图 6-37　既有线结构径向收敛云图(有彩图)

(a) 第 3 步;(b) 第 4 步;(c) 第 5 步;(d) 第 6 步;(e) 第 7-1 步;(f) 第 7-2 步;
(g) 第 7-3 步;(h) 第 7-4 步;(i) 第 7-5 步

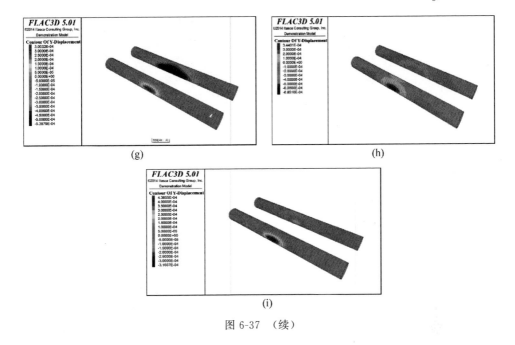

(g)　　　　　　　　　　(h)

(i)

图 6-37　（续）

部覆土压力减小，隧道两侧的压力大于上部覆土的压力，隧道被压缩，隧道两侧的径向距离减小，整个施工过程中隧道的变形由"水平拉伸，竖向压缩"变成"水平压缩，竖向拉伸"。

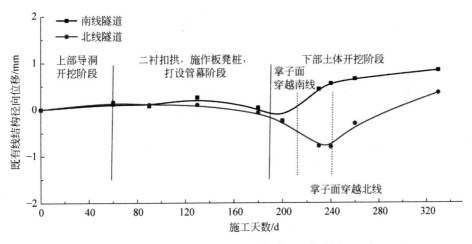

图 6-38　既有线结构径向位移历程曲线图

5. 管幕钢管变形

提取第 7 步的管幕钢管变形云图，如图 6-39 所示。

由图 6-39 可以看出，随着下部土体开挖面的推进，上部覆土压力减小，开挖面下方土体出现隆起现象，管幕结构可以有效地抵抗下部土体的隆起变形，与此同

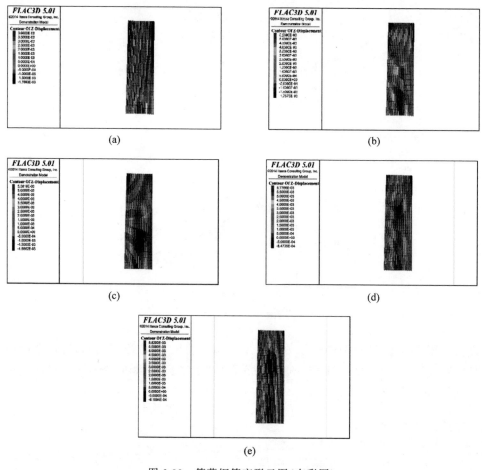

图 6-39　管幕钢管变形云图(有彩图)

(a) 第 7-1 步；(b) 第 7-2 步；(c) 第 7-3 步；(d) 第 7-4 步；(e) 第 7-5 步

时,管幕钢管也出现了不同程度的变形。同时,管幕钢管的变形随着开挖的进行逐渐增大,开挖结束后,最中间一根钢管变形最大,最大变形出现在新建隧道与既有线隧道交叉的位置,最大竖向变形量为 5.8mm。钢管变形的横向变化规律为中间位置的钢管变形最大,从中间向两侧逐渐减小,纵向变化规律为钢管中部最大,从中部向两个端头逐渐减小。

选取最中间钢管为 1 号钢管,1 号钢管左侧分别为 2~5 号钢管,绘制钢管纵向的变形示意图,如图 6-40 所示。从图中可以看出,钢管整体出现了向上隆起的竖向变形,在 8~30m 范围内钢管的竖向变形较为明显。

6. 板凳桩侧向位移

在模拟完成后提取施工步第 7 步的板凳桩侧向位移云图,如图 6-41 所示。

对云图进行分析后,可以得到以下结论。

(1) 在开挖结束后,边桩最大侧向位移为 1.26mm,出现最大位移桩的位置位

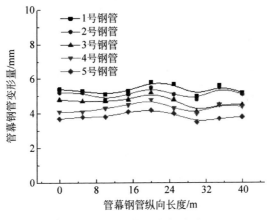

图 6-40　钢管纵向变形图

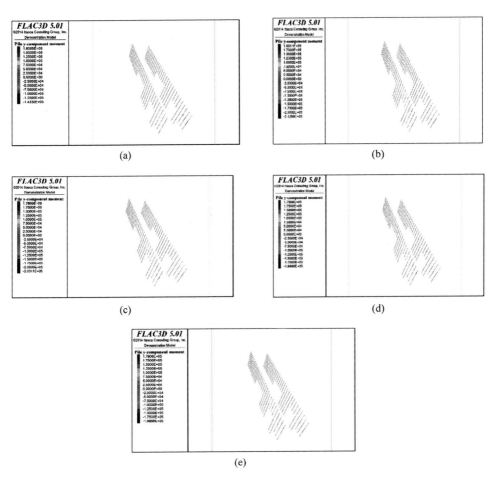

图 6-41　板凳桩侧向位移云图（有彩图）

（a）第 7-1 步；（b）第 7-2 步；（c）第 7-3 步；（d）第 7-4 步；（e）第 7-5 步

于既有线南线结构顶部,由于既有线的存在,边桩的嵌入深度有所差异。从云图可以看出,嵌入深度较小的桩侧向位移较大,位移最大值出现在短桩的中部位置,嵌入深度较大的桩侧向位移较小。根据以往的工程经验,适当加大桩的嵌入深度和桩身直径,可以有效减少桩身侧向位移,增强支护体系的稳定性。

(2) 桩身整体侧向位移较小,说明边桩和顶部二衬形成的支护体系有效地为下部土体开挖提供了支撑。

6.3.3 应力计算结果

1. 既有线结构 x 方向受力分析

提取第 3 步~第 7 步施工步既有线结构 x 轴向应力云图如图 6-42 所示。

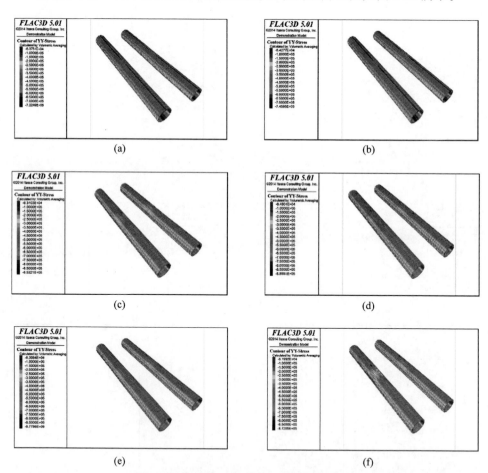

图 6-42 既有线结构 x 轴向应力云图(有彩图)
(a) 第 3 步;(b) 第 4 步;(c) 第 5 步;(d) 第 6 步;(e) 第 7-1 步;(f) 第 7-2 步;
(g) 第 7-3 步;(h) 第 7-4 步;(i) 第 7-5 步

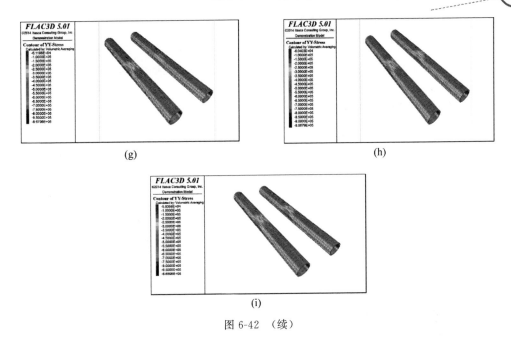

图 6-42 （续）

为了更方便地研究施工过程中既有线结构的应力变化,把既有线结构断面进行划分,如图 6-43 所示。

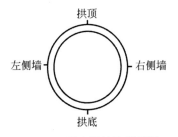

图 6-43 既有线结构断面图

提取施工过程中既有线结构南、北线隧道各施工步最大应力值,绘制历程曲线,如图 6-44 所示。

通过分析云图和历程曲线图可知,在整个开挖过程中,既有线结构仅在中部拱肩位置受到局部 x 方向的拉应力,其他部位均受到压应力的作用。南、北线隧道最大压应力均出现在拱顶位置,南线隧道最大压应力为 -1.6MPa,北线隧道最大压应力为 -1.7MPa。在整个开挖过程中,左、右侧墙的应力变化不明显,拱顶、拱底压应力在上部土体开挖与管幕施工阶段无明显变化,在下部土体开挖过程中压应力有减小的趋势,并且由于北线隧道的穿越时间滞后于南线隧道,所以北线隧道拱顶、拱底压应力变化时间略滞后于南线隧道。

2. 既有线结构 z 方向受力分析

提取第 3 步~第 7 步施工步既有线结构 z 轴向应力云图如图 6-45 所示。

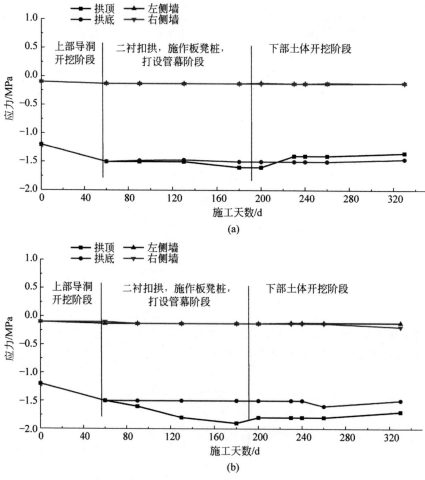

图 6-44　既有线结构 x 轴向应力历程曲线图

（a）南线隧道；（b）北线隧道

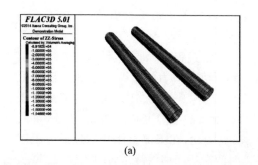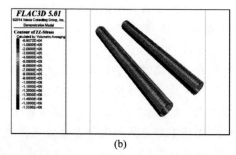

图 6-45　既有线结构 z 轴向应力云图（有彩图）

（a）第 3 步；（b）第 4 步；（c）第 5 步；（d）第 6 步；（e）第 7-1 步；（f）第 7-2 步；

（g）第 7-3 步；（h）第 7-4 步；（i）第 7-5 步

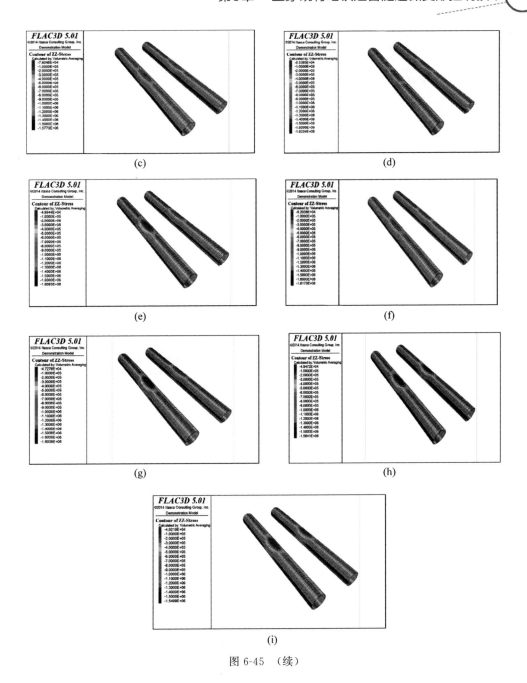

图 6-45 （续）

提取施工过程中既有线结构南、北线隧道各施工步最大应力值,绘制历程曲线,如图 6-46 所示。

通过分析云图和历程曲线图可知,在前两个施工阶段,拱顶应力未发生明显变化,在下部土体开挖阶段,拱顶压应力有减小的趋势,在新建隧道和既有线交叉的

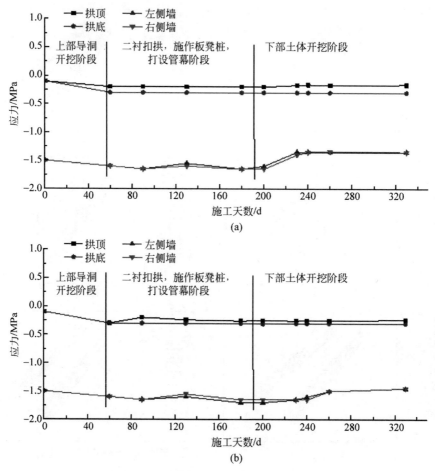

图 6-46　既有线结构 z 轴向应力历程曲线图
(a) 南线隧道；(b) 北线隧道

位置出现了应力集中的现象，最大压应力为 0.5MPa。在整个施工过程中，既有线隧道拱顶和拱底的应力并未出现明显变化，左右侧墙应力大于拱顶、拱底应力，南线隧道最大压应力为 -1.7MPa，北线隧道最大压应力为 -1.8MPa，左、右侧墙应力在前两个施工阶段无明显变化，在第三个施工阶段压应力有减小的趋势，并且由于北线隧道的穿越时间滞后于南线隧道，所以北线隧道拱顶、拱底压应力变化时间略滞后于南线隧道。

6.4　变形控制效果分析

为了保证既有线的正常运营，结合现场的实际情况，提出了以打设管幕为主，由施作板凳桩、预应力锚索等措施共同组成的既有线微变形控制技术。本节主要通过数值模拟方法来分析上穿施工过程中的管幕作用效果。

6.4.1　不同工况对比分析

在施工过程中,采用多种控制手段共同对既有线的隆起变形进行控制,为了更好地分析各种控制技术在限制既有线变形方面的作用效果,采用控制变量法进行数值模拟,设置不同的工况进行计算分析,计算工况如表 6-4 所示。

表 6-4　计算工况统计

工　况	工况详细说明
工况 1	无管幕,有板凳桩、锚索,深孔注浆
工况 2	无板凳桩,有管幕、锚索,深孔注浆
工况 3	无锚索,有管幕、板凳桩,深孔注浆
工况 4	无深孔注浆,有管幕、板凳桩、锚索
标准工况	有管幕、板凳桩、锚索,深孔注浆

6.4.2　计算结果

在对前四种工况进行计算后,为评价每项隧道变形控制方法的作用效果,假设 Δ 为既有线隧道结构顶部竖向变形增长率(见式(6-1)),即 Δ 越大,该工况下缺少的控制变形的方法对既有线变形控制影响程度越高。标准工况计算结果已在 6.3 节中给出。不同工况的既有线结构竖向变形云图如图 6-47 所示。同时,图 6-48 和图 6-49 还给出了既有结构南线与北线的竖向变形历程曲线。

$$\Delta = \frac{\text{工况 } X \text{ 既有线结构竖向变形} - \text{标准工况既有线结构竖向变形}}{\text{标准工况既有线结构竖向变形}} \times 100\%$$

$$(6-1)$$

对比分析图 6-47、图 6-48 和图 6-49 可知,在不同的工况下,既有线变形的大小各有不同,同时也反映出各支护方法对既有线变形的控制效果有所差异。在第 2 个施工阶段,工况 1 和工况 2 分别缺少了管幕和板凳桩的施工过程,所以在这一施工阶段对既有线的扰动较小,但是在下部土体开挖阶段,由于缺少必要的变形控制,工况 1 和工况 2 条件下,既有线结构在第 3 个施工阶段相比标准工况发生了较大的竖向变形,最大变形量已经超过了安全控制值 2mm 的要求,在实际工程中可能会影响既有线的安全运营。在工况 3 和工况 4 的条件下,前两个施工阶段与标准工况相比多余既有线的扰动基本没有差异,在第 3 个施工阶段结束后,工况 4 条件下既有线结构变形略大于标准工况,工况 3 条件下既有线结构变形与标准工况相比几乎无变化。

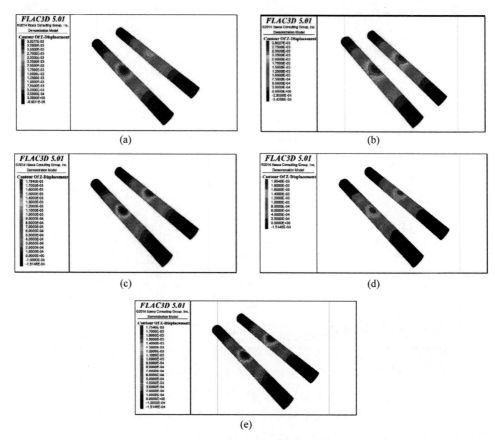

图 6-47　既有线结构竖向变形云图(有彩图)

(a) 工况 1；(b) 工况 2；(c) 工况 3；(d) 工况 4；(e) 标准工况

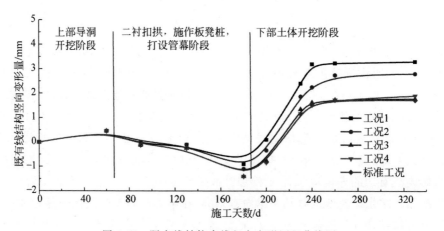

图 6-48　既有线结构南线竖向变形历程曲线图

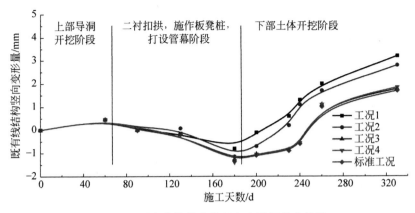

图 6-49 既有线结构北线竖向变形历程曲线图

提取不同工况下既有线最终竖向变形最大值及其增长率,如表 6-5 和表 6-6 所示。分析表 6-5 和表 6-6 可知,工况 1 条件下既有线南线隧道结构最大竖向变形为 3.3mm,比标准工况下南线隧道结构竖向变形增大 92%,北线隧道结构最大竖向变形为 3.2mm,比标准工况下北线隧道结构竖向变形增大 89%;工况 2 条件下南、北线隧道最大竖向变形为 2.8mm,比标准工况下隧道结构竖向变形增大约 60%;工况 3 和工况 4 条件下竖向变形虽有增大,但是增长率不大于 10%。

表 6-5 既有线最终竖向变形最大值 mm

类别	工况 1	工况 2	工况 3	工况 4	标准工况
南线	3.3	2.8	1.78	1.9	1.72
北线	3.2	2.8	1.77	1.84	1.69

表 6-6 既有线竖向变形增长率 %

类 别	工况 1	工况 2	工况 3	工况 4
南线	92	63	3	10
北线	89	66	5	9

通过对表格中的数据进行分析可知,既有线竖向变形增长率 $\Delta_{\text{工况}1} > \Delta_{\text{工况}2} > \Delta_{\text{工况}4} > \Delta_{\text{工况}3}$,即管幕支护体系在控制既有线变形方面起到了最为重要的作用,往下依次是板凳桩、底板下回填注浆、预应力锚索。但是在不打设预应力锚索的情况下既有线最大变形只增长了 5%,由此可以认为预应力锚索在控制既有线变形方面作用甚微,而且锚索的施工需要破除管幕钢管,施工操作复杂,对管幕体系的整体性会产生不利影响。因此需要全面考虑是否在不同的实际工程中采用预应力锚索。

6.5 管幕参数对作用效果的影响

由上节分析可知,管幕结构的存在在控制既有线变形方面起到了重要的作用。由于管幕结构距离既有线较近,管幕钢管的施工顶进顺序、钢管尺寸以及管幕支护条件下不同的开挖技术参数等,均会对施工中的既有线结构产生不同程度的扰动。本节采用数值模拟的方式,对以上因素进行了单一变量的影响性分析,对管幕法施工参数的优化提供建议,以尽量减小施工过程中对既有线的扰动。

6.5.1 钢管直径对既有线变形的影响

为研究钢管直径对既有线变形的影响,工况 1～工况 4 分别把钢管直径设置为300mm、405mm、500mm、600mm,实际工程采用的钢管直径为 405mm,根数为26,即工况 2 为实际工况。模型物理参数见表 6-7。

表 6-7 物理参数

钢 管 参 数	工况 1	工况 2	工况 3	工况 4
直径 ϕ/mm	300	405	500	600
钢管数量 n/根	35	26	21	17
钢管间距 s/mm	450	450	450	450
弹性模量 E/MPa	2.06×10^5	2.06×10^5	2.06×10^5	2.06×10^5
泊松比 μ	0.25	0.25	0.25	0.25
重度 γ/(kN/m³)	78	78	78	78

在模拟完成四种工况后,分别绘制既有线南线和北线结构顶部竖向位移变化历程曲线,如图 6-50 和图 6-51 所示。提取不同工况下既有线结构的竖向位移,如表 6-8 所示。

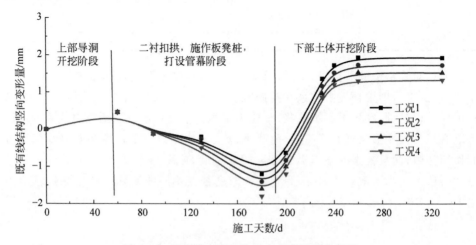

图 6-50 既有线南线结构竖向变形历程曲线图

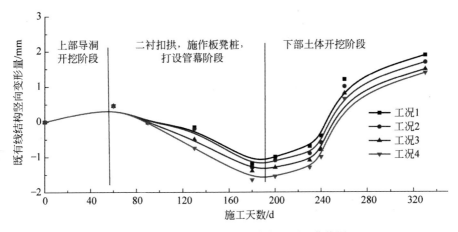

图 6-51　既有线北线结构竖向变形历程曲线图

表 6-8　钢管直径影响下,既有线结构竖向变形统计　　　　　　　　　mm

阶　　段		工况 1	工况 2	工况 3	工况 4
打设管幕结束后	南线	−1.2	−1.4	−1.6	−1.7
	北线	−1.2	−1.3	−1.4	−1.6
施工结束后	南线	1.9	1.7	1.5	1.4
	北线	1.8	1.6	1.4	1.4

对历程曲线图及表 6-8 进行分析可知,南线和北线隧道呈现出相似的规律。随着管幕钢管直径的增大,在打设管幕阶段对既有线的扰动有所增加,工况 4 条件下,南线隧道结构最大沉降值达到 1.7mm,北线隧道结构最大沉降值达到 1.6mm。打设管幕完成后既有线隧道南线工况 4 比工况 1 沉降值增大 42%,施工结束后既有线隧道北线工况 4 比工况 1 隆起值减小 22%,说明随着管幕直径的增大,管幕顶进过程对既有线产生的扰动也会增大,但是支护作用会随着钢管直径的增加而增强。由于管幕施作空间较小,过大的钢管直径会带来较大的扰动,所以施工过程中应选择直径适中的钢管。

6.5.2　钢管顶进顺序对既有线变形的影响

为研究钢管顶进顺序对既有线变形的影响,工况 1～工况 3 分别设置不同的钢管顶进顺序,实际工程采用工况 2 设置的顶管顺序进行管幕法施工,各工况见表 6-9。

表 6-9　计算工况统计

工　　况	顶 管 顺 序
工况 1	从中间向两边依次对称顶管
工况 2	从左向右依次顶管
工况 3	从中间向左侧依次顶管,左侧完成后,再从中间向右侧依次顶管

管幕法施工完成后,各工况下既有线竖向位移历程曲线如图 6-52 所示。

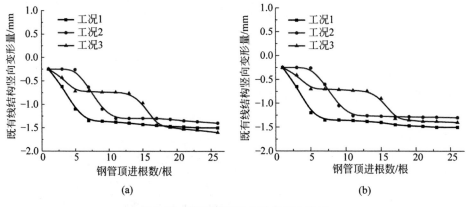

图 6-52 既有线竖向位移历程曲线图

(a)南线;(b)北线

各工况下钢管顶进结束后既有线结构最大竖向变形量如表 6-10 所示。

表 6-10 钢管顶进顺序影响下,既有线结构竖向变形统计   mm

既有线	工况 1	工况 2	工况 3
南线	−1.5	−1.4	−1.6
北线	−1.5	−1.3	−1.4

对历程曲线图和表 6-10 进行分析可知,三种顶进顺序均会对既有线结构产生不同程度的扰动。对比三种工况可知,工况 2 所造成的既有线结构竖向位移量最小,由于施工现场场地比较狭小,施工工序穿插施工,不具备放置两台顶管设备的条件,所以选择工况 2 可以减少顶管设备平台的移动距离,提高机械效率。

6.5.3 开挖步距对既有线变形的影响

为研究开挖步距对既有线变形的影响,工况 1~工况 4 分别设置不同的开挖步距,分别为 1m、2m、3m、4m,实际工况采用工况 1 的开挖步距。

开挖结束后,各工况下既有线竖向位移历程曲线如图 6-53 和图 6-54 所示。既有结构不同工况下的竖向位移如表 6-11 所示。

表 6-11 开挖步距影响下,既有线结构竖向变形统计   mm

类别	工况 1	工况 2	工况 3	工况 4
南线	1.72	1.85	1.96	2.05
北线	1.69	1.77	1.95	1.97

对历程曲线图和表 6-11 进行分析可知,随着开挖步距的增大,既有线南线和北线开挖结束后最终竖向变形值也会增大。在开挖步距 4m 时,南线隧道隆起值

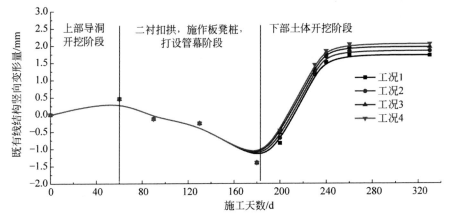

图 6-53　既有线结构南线竖向变形历程曲线图

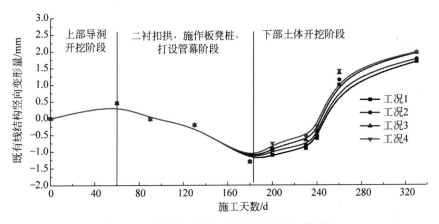

图 6-54　既有线结构北线竖向变形历程曲线图

为 2.05mm,超过安全要求控制值 2mm,竖向变形量比工况 1 增大了 19%,北线隧道竖向变形量也达到了 1.97mm,比较接近控制值。所以,在保证施工进度的情况下减小开挖步距可有效减小施工对既有线造成的扰动,确保既有线的运营安全。

结　　语

本书以北京地铁 8 号线木—大区间正线下穿既有 10 号线盾构区间工程、新机场线大兴新城—草桥区间洞桩法上穿既有 10 号线盾构区间工程以及 19 号线超浅埋平安里地铁车站工程为依托,利用理论分析、数值模拟、现场实测等方法对下穿、上穿以及超浅埋情况下的管幕法施工进行了顶进阶段与承载阶段的研究,形成了管幕在上穿、下穿以及超浅埋情况下的微变形控制的研究体系。主要内容如下。

1. 粉细砂地层钢管顶推力研究

基于现场试验管正常顶进、随后钢管被卡住的现象,利用数值模拟、现场监测等分析方法,研究并解释了产生该现象的原因,提出了水平布置顶管的“顶推力群管效应”,即已顶进钢管对后续顶管的径向应力和侧摩阻力具有放大和叠加效应,从而使得后续顶管需要的顶推力要大于单管顶进时的顶推力。在本依托工程中,后续顶管的侧摩阻力最大增长率为 35.9%。

通过将由实测数据反分析得到的端头阻力与经验公式进行对比分析可知,在粉细砂地层中,JMTA 与 P-K 模型的计算公式可以在一定程度上反映实际情况,而马保松模型的计算值则低估了实际的端头阻力。

通过对水平布置顶管的参数分析,发现相较于单管顶推力,当已顶进管存在后续顶管一侧时,顶推力最大增长率为 28.7%;当已顶进管存在于后续顶管两侧时,顶推力最大增长率可达 41.9%。

以两根顶管为研究对象(一根为已顶进管,另一根为后续顶管),通过参数分析发现,当已顶进管位于后续顶管不同角度位置时,已顶进管呈现出不同的荷载效应。当已顶进管位于 0°~60° 和 120°~180° 范围内,已顶进管表现出承载作用,即后续顶管侧摩阻力小于单管侧摩阻力;当已顶进管位于 60°~120° 范围内,已顶进管表现出加载作用,即后续顶管侧摩阻力大于单管侧摩阻力。该加载作用在 90° 位置处最大。随着已顶进管位于后续顶管角度的变化(0°~180°),后续顶管的侧摩阻力增量近似为以 90° 为对称轴的正态分布曲线。

顶管间距、埋深和管径等参数影响已顶进管和后续顶管的相互作用。随着顶管间距的增大,后续顶管侧摩阻力增量的绝对值和增长率逐渐减小。当已顶进管与后续顶管的圆心距超过 3 倍顶管直径时,已顶进管对后续顶管侧摩阻力的影响小于 5%,可忽略不计。因此,顶管的影响范围约为 3 倍顶管直径。随着顶管埋深和管径的增加,后续顶管侧摩阻力增量的绝对值逐渐增大,但后续顶管侧摩阻力增量的增长率保持不变。基于后续顶管侧摩阻力增长率仅与顶管布置角度和间距有关,与顶管埋深和管径无关的研究结果,提出了计算后续顶管侧摩阻力增长率的经验公式,并进行了现场的验证。

2. 下穿工程中管幕法微变形控制效果研究

通过建立三维数值计算模型,对管幕法施工中影响地层变形的土层参数、钢管直径、顶管顺序、注浆加固和开挖进尺等参数进行了分析。结果表明土的弹性模型、钢管直径、顶管顺序、注浆加固和开挖进尺会影响施工的最大位移;土的摩擦角和顶管顺序会影响土层位移分布的均匀性。施工中选用大直径钢管,从拱顶向一侧顶管然后从拱顶向另一侧顶管的钢管顶进顺序,采取补偿注浆并减小开挖进尺等措施,均可减小上部土层的沉降。

进行了现场顶管试验,结果表明:顶管施工会引起上部土层发生沉降,施工造成的扰动较小,单管顶进时距离管幕正上方 2m 处的土层沉降不足 0.04mm。

对新建 8 号线木—大区间矿山法下穿既有 10 号线盾构区间工程进行了数值模拟分析和既有线结构原位沉降监测,结果表明:在管幕预支护作用下进行新建隧道的施工,既有线结构竖向沉降不超过 3mm,隆起不超过 2mm,满足沉降控制的要求。

3. 超浅埋工程中管幕法微变形控制效果研究

在超浅埋暗挖工程中,应用管幕构筑棚盖,在棚盖防护下暗挖主体导洞,地表最大沉降量为 15mm,且所引起横向地表的沉降值大致符合 peck 沉降曲线,最大沉降位置出现在先行导洞正上方。该区域在施工时风险较高,对其应实时监控,并作加固处理。

在管幕构筑的超浅埋棚盖防护体系下,上部主体导洞的拱顶最大沉降量为 4.5mm,沉降速率最大为 0.13mm/d,沉降速率及沉降量均符合设计要求。可见,在超浅埋暗挖工法中,管幕法引起的地表沉降量远小于常规施工方法,环境效益和社会效益明显。

依据现场实测数据,将横向管幕分别简化为梁和弹性薄板,对不同简化条件下的横向管幕进行了解析计算,并利用现场实测数据对两种理论的计算结果进行了验证,最后对不同参数下弹性薄板理论和连续梁理论的挠度和弯矩计算结果进行了对比分析。研究表明:无论是在变形趋势上,还是在最终变形量上,弹性薄板理论的计算结果都与实测数据吻合性较好;简支梁与弹性地基梁理论的计算结果仅在最终变形量上与实测结果较为吻合,而无法预测管幕的变形过程。

在连续梁理论的计算结果中,简支梁的弯矩与挠度计算值最大,而固支梁的弯矩与挠度计算值最小,故将管幕与初支侧墙连接时,应尽可能地保证管幕边界为固支端。如将管幕与初支侧墙进行焊接,保证管幕不会发生微小转角,这样可以在一定程度上降低管幕挠度与弯矩。

通过参数影响分析发现,浆体弹性模量对管幕变形与弯矩的影响甚微,而导洞开挖跨度、上覆土层厚度和钢管壁厚对管幕变形与弯矩的影响较大;在受荷与开挖跨度一定的情况下,可适当增加钢管壁厚,对管幕的挠度与弯矩进行一定的控制。

弹性薄板解为管幕法提供了一种新的理论解,有利于对管幕在施工中的力学行为进行预测,并对设计进行进一步的精细化。

4. 上穿工程中管幕法微变形控制效果研究

在新建隧道施工过程中,既有线结构最大沉降量为 1.5mm,施工完成后既有线结构最大隆起量为 1.7mm,符合设计要求的最大沉降量 3mm、最大隆起量 2mm 的要求。既有线结构的变形可以总结为以下四个阶段:轻微隆起阶段,缓慢下降阶段,快速上升阶段,后期稳定阶段。在整个施工过程中,既有线隧道结构径向位移出现了变化,隧道的变形由"水平拉伸,竖向压缩"变成"水平压缩,竖向拉伸"。管幕钢管变形的横向变化规律为中间位置的钢管变形最大,从中间向两侧逐渐减小;纵向变化规律为钢管中部最大,从中部向两个端头逐渐减小。

数值模拟和实测结果较为吻合,验证了数值模型的有效性。在施工过程中管片整体性较好,管片强度满足安全需要,新建隧道在穿越的过程中对既有线水平位移的影响比较小。轨道结构的变化规律与隧道结构变化规律基本一致,轨道结构和隧道结构同步发生变化,不会出现轨道脱离的现象。

管幕支护体系在控制既有线变形方面起到了最为重要的作用,然后依次为板凳桩,底板下回填注浆,预应力锚索。由于锚索的施工需要破除管幕钢管,施工操作复杂,对管幕体系的整体性和完整性产生不利影响,建议后期施工中取消预应力锚索这一环节。钢管直径越大,在顶进过程中对既有线造成的扰动越大,但是在管幕法施工完成后的土体开挖阶段,管幕直径越大,支护效果越好,对既有线结构竖向变形的控制作用越强。既有线最终竖向变形量随着开挖步距的增加而增大,在保证施工进度的前提下尽可能减小开挖步距,可以减小对既有线的扰动。

参 考 文 献

[1] 耿永常,赵晓红.城市地下空间建筑[M].哈尔滨:哈尔滨工业大学出版社,2001.

[2] 耿永常.地下工程建筑与防护结构[M].哈尔滨:哈尔滨工业大学出版社,2005.

[3] 周楠森.北京市轨道交通建设总结及规划调整建议[J].都市快轨交通,2011,24(2):9-13.

[4] CHANG S B,MOON S J. A case study on instrumentations of a large tunnel crossing under the existing subway structure[C]// Proceeding of the kgs 2000 spring conference,2000: 56-59.

[5] SHARMA J S,HEFNY A M,ZHAO J,et al. Effect of large excavation on deformation of adjacent MRT tunnels[J]. Tunneling and underground space technology,2001,16(1): 93-98.

[6] BURLAND J B,STANDING J R,JARDINE F M. Building response to tunneling,case studies from construction of the Jubilee Line Extension[M]//Project and methods. London:Thomas telford publishing,2001:509-545.

[7] LUNARDI P,CASSANI G. Construction of an underpass at the ravone railway yard in the city of bologna:aspects of the design and construction[C]//Progress in Tunneling after 2000(Ⅲ). Bologna:Patron Editore,2001:319-328.

[8] COLLER P J,ABBOTT D G. Microtunneling techniques to form an insitu barrier around existing structures[C]//High level radioactive waste management,ASCE,1994.

[9] MUSSO G. Jacked pipe provides roof for underground construction in busy urban area[J]. Civil engineering,1979,49(11):79-82.

[10] 佚名. Tubular thrust jacking for underground roof construction of the antwerp metro[J]. International Journal of Rock Mechanics & Mining Sciences & Geomechanics Abstracts, 1983,20(5):149.

[11] 佚名. Jacking fibre glass in New York[J]. International journal of rock mechanics and mining sciences,1993,30(5):328.

[12] DARLING P. Jacking under Singapore's busiest street[J]. Tunnels and tunnelling international,1993,23:19-20.

[13] 熊谷镒.台北复兴北路穿越松山机场地下道之规划与设计[J].福州大学学报,1997(s1): 57-61.

[14] LIAO H J,CHENG M. Construction of a pipe roofed underpass below groundwater table [C]// Proceedings of the institution of civil engineers:Geotechnical engineering. 1996: 202-210.

[15] 葛金科.饱和软土地层中管幕法隧道施工方案研究[J].矿产勘查,2004,7(s1):298-304.

[16] 潘秀明,汪国锋,王贵和.北京地铁工程施工环境风险管理与处置方案综述[J].施工技术,2008,37(10):65-69.

[17] 孙智勇.新管幕法的工程应用与技术要点分析[J].现代城市轨道交通,2013(4):48-51.

[18] 邢凯,陈涛,黄常波.新管幕法概述[J].城市轨道交通研究,2009,12(8):63-67.

[19] 沈桂平,曹文宏,杨俊龙,等.管幕法综述[J].矿产勘查,2006,9(2):27-29.

[20] 刘增龙.超长管幕暗挖法下穿机场跑道沉降变形研究[D].北京:北京交通大学,2015.

[21] 刘博海,杨亮,罗昊冲.管幕法简述[J].城市道桥与防洪,2011(5):141-143.

[22] ZHEN L,CHEN J J,QIAO P,et al. Analysis and remedial treatment of a steel pipe-jacking accident in complex underground environment[J]. Engineering Structures,2014,59:210-219.

[23] BARLA M,CAMUSSO M,AIASSA S. Analysis of jacking forces during microtunnelling in limestone[J]. Tunnelling and Underground Space Technology,2006,21(6):668-683.

[24] Japan Microtunnelling Association (JMTA). Pipe-jacking Application [S]. Tokyo,2000.

[25] MA B. The Science of Trenchless Engineering [C]. Beijing:China Communications Press,2008.

[26] STAHELI K Jacking Force Prediction:An interface friction approach based on pipe surface roughness [D]. Atlanta:Georgia Institute of Technology,2006.

[27] PELLET-BEAUCOUR A L,KASTNER R. Experimental and analytical study of friction forces during microtunneling operations [J]. Tunnelling and Underground Space Technology,2002,17(1),83-97.

[28] JI X B,ZHAO W,et al. A method to estimate the jacking force for pipe jacking in sandy soils[J]. Tunnelling and Underground Space Technology,2019,90,119-130.

[29] 张鹏,马保松,曾聪,等.基于管土接触特性的顶进力计算模型分析[J].岩土工程学报,2017,39(02):244-249.

[30] 纪新博,赵文,程诚,等.沈阳砂土地层含翼缘钢顶管摩阻力计算方法[J].东北大学学报(自然科学版),2018,39(04):584-588.

[31] 叶艺超,彭立敏,杨伟超,等.考虑泥浆触变性的顶管顶力计算方法[J].岩土工程学报,2015,37(9):1653-1659.

[32] 王双,夏才初,葛金科.考虑泥浆套不同形态的顶管管壁摩阻力计算公式[J].岩土力学,2014,35(01):159-166,174.

[33] 杨仙,张可能,黎永索,等.深埋顶管顶力理论计算与实测分析[J].岩土力学,2013,34(03):757-761.

[34] SHOU K,YEN J,LIU M. On the frictional property of lubricants and its impact on jacking force and soil-pipe interaction of pipe-jacking[J]. Tunnelling and underground space technology,2010,25 (4),469-477.

[35] ONG D E L,CHOO C S. Back-analysis and finite element modeling of jacking forces in weathered rocks[J]. Tunnelling and underground space technology,2016,51,1-10.

[36] YEN J,SHOU K. Numerical simulation for the estimation the jacking force of pipe jacking [J]. Tunnelling and underground space technology,2015,49,218-229.

[37] BARLA M,CAMUSSO M,AIASSA S. Analysis of jacking forces during microtunnelling in limestone[J]. Tunnelling and underground space technology,2006,21(6):668-683.

[38] BARLA M,CAMUSSO M. A method to design microtunnelling installations in randomly cemented Torino alluvial soil[J]. Tunnelling and underground space technology,2013,33,73-81.

[39] MILLIGAN G W E,NORRIS P . Pipe-soil interaction during pipe jacking[J]. Proceedings of the institution of civil engineers geotechnical engineering,1999,137(1):27-44.

[40] MILLIGAN G W E. Site-based research in pipe jacking—objectives,procedures and a case history[J]. Tunnelling and underground space technology,1996,11(1),3-24.

[41] ZHANG H,ZHANG P,ZHOU W,et al. A new model to predict soil pressure acting on deep burial jacked pipes[J]. Tunnelling and underground space technology,2016,60: 183-196.

[42] ZHANG P,MA B,ZENG C,et al. Key techniques for the largest curved pipe jacking roof to date: A case study of gongbei tunnel[J]. Tunnelling and underground space technology, 2016,59: 134-145.

[43] CHENG W C,NI J C,ARULRAJAH A,et al. A simple approach for characterising tunnel bore conditions based upon pipe jacking data[J]. Tunnelling and underground space technology,2018,71: 494-504.

[44] BROERE W,FAASSEN T F,ARENDS G,et al. Modelling the boring of curves in (very) soft soils during microtunnelling[J]. Tunnelling & underground space technology,2007, 22(5): 600-609.

[45] 张倍. 砂卵石地层中管幕施工适用性研究[D]. 北京：北京工业大学：2017.

[46] KOTAKE N,YAMAMOTO Y,OKA K. Design for umbrella method based on numerical analyses and field measurements[C]//International journal of rock mechanics and mining sciences and geomechanics abstracts. Elsevier,1995,32(3): 136A.

[47] TAN W L. Numerical analysis of pipe roof reinforcement in soft ground tunnelling[C]. American society of civil engineers,2003: 1-10.

[48] 周顺华. 软弱地层浅埋暗挖施工中管棚法的棚架原理[J]. 岩石力学与工程学报,2005(7)： 2565-2570.

[49] 贾金青,王海涛,涂兵雄,等. 管棚力学行为的解析分析与现场测试[J]. 岩土力学,2010,31 (06)： 1858-1864.

[50] 肖世国,李向阳,夏才初,等. 管幕内顶进箱涵时顶部管幕力学作用的试验研究[J]. 现代隧道技术,2006,(2)： 22-32.

[51] 谭忠盛,孙晓静,马栋,等. 浅埋大跨隧道管幕预试验研究[J]. 土木工程学报,2015,48 (S1)： 429-434.

[52] 赵文,贾鹏蛟,王连广,等. 地铁车站 STS 新管幕构件抗弯承载力试验研究[J]. 工程力学, 2016,33(8)：167-176.

[53] 贾鹏蛟,赵文,郝云超,等. 不同结构参数下 STS 管幕构件力学性能的数值分析[J]. 东北大学学报(自然科学版),2016,37(8),1177-1181.

[54] 关永平,赵文,王连广,等. STS 管幕结构抗弯性能试验研究及参数优化[J]. 工程力学, 2017,34(9)： 83-91.

[55] 杨光辉,朱合华,李向阳. 钢管幕锁口接头力学特性试验研究[C]. 上海：第三届上海国际隧道工程研讨会,2007,11： 695-700.

[56] YAMAKWA,YOSHIAKI. Analysis of load distribution by joint in pipe beam roof [J]. Japan society of civil engineers journal,1984.

[57] ATTEWELL P B,YEATES J,SELBY A R. Soil movements induced by tunnelling and their effects on pipelines and structures[M]. London：Blackie and Son Ltd.,1986.

[58] 松本,岸雄,佐藤,et al. Construction of a subway tunnel just beneath a conventional railway by means of the large-long pipe roof method[J]. Soil mechanics and foundation

engineering,1996,44(3)：633-642.

[59] 姚大钧,吴志宏,张郁慧.软弱黏土中管幕法之设计与分析[C]//海峡两岸隧道与地下工程学术研讨会,2004.

[60] 朱合华,闫治国,李向阳,等.饱和软土地层中管幕法隧道施工风险分析[C]//中国岩石力学与工程学会 2005 年边坡、基坑与地下工程新技术新方法研讨会,2005.

[61] 孙旻,徐伟.软土地层管幕法施工三维数值模拟[J].岩土工程学报,2006,28(s1)：1497-1500.

[62] 李耀良,张云海,李伟强.软土地区管幕法工艺研究与应用[J].地下空间与工程学报,2011,07(5)：962-967.

[63] 段英丽.不停航跑道下超长管幕保护超浅埋大断面暗挖施工技术[J].施工技术,2013,42(19)：95-99.

[64] 李耀良,赵伟成,李增旺,等.硬土地区地下通道下穿既有管线的管幕法施工[J].建筑施工,2014,36(2)：196-198.

[65] 黎永索,张可能,黄常波,等.管幕预筑隧道地表沉降分析[J].岩土力学,2011,32(12)：3701-3707.

[66] 张峻铭.斜撑拆除对地表沉降和管幕竖向变形的影响分析[J].山西建筑,2018,44(03)：84-85.

[67] 周国辉.大直径管幕超前支护在市政隧道中的应用[J].铁道标准设计,2016,60(04)：68-72.

[68] 汪思满.管幕支护法在地下连通道施工中的应用[J].建筑施工,2013,35(02)：159-162.

[69] 黎永索.管幕预筑地铁站大开挖施工力学效应研究[D].湖南：中南大学,2012.

[70] 叶飞,毛家骅,刘燕鹏,等.软弱破碎隧道围岩动态压力拱效应模型试验[J].中国公路学报,2015,28(10)：76-82,104.

[71] 汪成兵,朱合华.隧道围岩渐进性破坏机理模型试验方法研究[J].铁道工程学报,2009,26(03)：48-53.

[72] 中华人民共和国建设部.给水排水工程管道结构设计规范：GB 50332—2002 [S].北京：中国建筑工业出版社,2003.

[73] German ATV rules and standards. Structural Calculation of Driven Pipes：ATV-A 161 E-90 [S]. Germany,1990.

[74] American Society of Civil Engineering. Standard Practice for Direct Design of Precast Concrete Pipe for Jacking in Trenchless Construction [S]. Reston,Virginia,US,2001.

[75] British standards. Gas supply system-pipelines for maximum operating pressure over 16 bar-functional requirements：BS EN: 1594-09 [S]. Brussels,2009.

[76] 杨三资.暗挖隧道下穿既有地下结构的力学响应及过程控制[D].北京：北京交通大学,2016.

[77] 徐芝纶.弹性力学[M].5 版.北京：高等教育出版社,2016.

[78] 黄炎.矩形薄板弹性弯曲问题的一般解析解法[J].国防科技大学学报,1983,3：1-16.

[79] 黄炎.矩形薄板弹性弯曲的精确解析解法[J].力学学报,1987,19(增刊)：230-235.

[80] 李树忱,晏勤,谢璨.膨胀性黄土隧道钢拱架-格栅联合支护力学特性研究[J].岩石力学与工程学报,2017,36(2)：446-456.

[81] 张治国,马兵兵,黄茂松,等.山区滑坡诱发既有隧道受力变形影响分析[J].岩土力学,2018,39(10)：3555-3564.

［82］ STEIN,DIETRICH. Microtunnelling：installation and renewal of nonman-size supply and sewage lines by the trenchless[M]. Ernst & Sohn Verlag fur Architektur und technische Wissenschaften,1989.

［83］ HVORSLEV M J. Subsurface exploration and sampling of soils for civil engineering purposes[M]. New York：American society of civil engineers,1949.

［84］ SCHMERTMANN J H. Estimating the undisturbed consolidation behavior of clay from laboratory test results[D]. Illinois：Northwestern University,1955.

［85］ LADD C C,LAMBE T W. The strength of "undisturbed" clay determined from undrained tests[M]//Laboratory shear testing of soils. ASTM International,1964.

［86］ DESAI C S,TOTH J. Disturbed state constitutive modeling based on stress-strain and nondestructive behavior[J]. International journal of solids and structures,1996,33(11)：1619-1650.

［87］ 张孟喜. 受施工扰动土体的工程性质研究[D]. 上海：同济大学,1999.

［88］ 徐永福. 土体受施工扰动影响程度的定量化识别[J]. 大坝观测与土工测试,2000,24(2)：8-10.

［89］ 黄斌. 扰动土及其量化指标[D]. 杭州：浙江大学,2006.

［90］ 余剑锋,廖建三. 顶管施工过程中地层变形的三维有限元模拟[J]. 广州建筑,2006(2)：14-17.

［91］ 张海波,殷宗泽,朱俊高. 地铁隧道盾构法施工过程中地层变位的三维有限元模拟[J]. 岩石力学与工程学报,2005,24(5)：755-760.

［92］ 钟骏杰. 新型的地下暗挖法：管幕工法的设计与施工[J]. 中国市政工程,1997(2)：45-46.

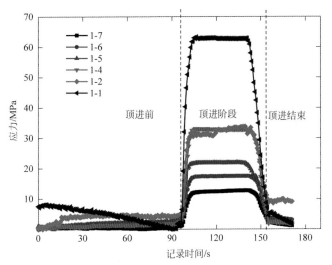

图 3-7　一次顶进过程应力变化规律

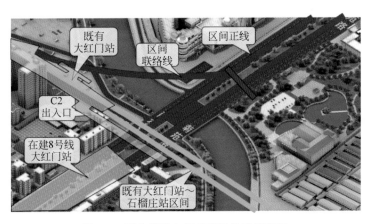

图 4-1　既有隧道与新建隧道位置透视图

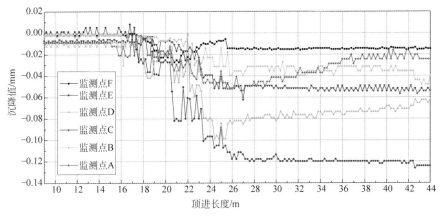

图 4-17　监测点随钢管顶进沉降曲线

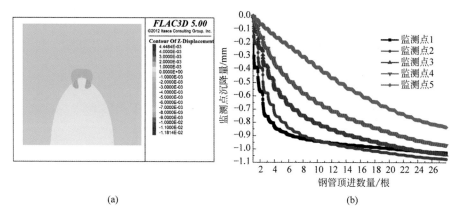

(a)   (b)

图 4-31　工况 1 土层竖向位移云图和监测点位移曲线

（a）土层竖向位移云图；（b）各监测点竖向位移曲线

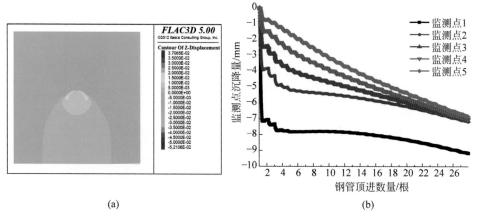

(a)   (b)

图 4-32　工况 2 土层竖向位移云图和监测点位移曲线

（a）土层竖向位移云图；（b）各监测点竖向位移曲线

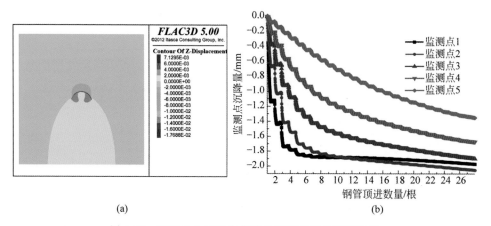

(a)   (b)

图 4-33　工况 3 土层竖向位移云图和监测点位移曲线

（a）土层竖向位移云图；（b）各监测点竖向位移曲线

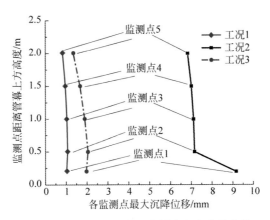

图 4-34　工况 1～工况 3 监测点竖向位移曲线

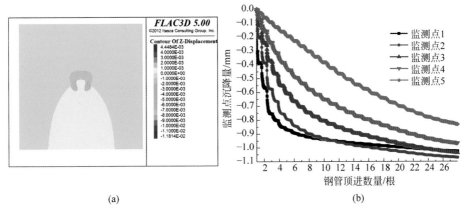

(a)   (b)

图 4-35　工况 4 土层竖向位移云图和监测点位移曲线

（a）土层竖向位移云图；（b）各监测点竖向位移曲线

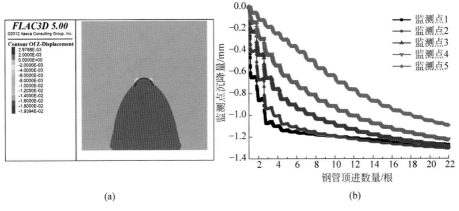

(a)   (b)

图 4-36　工况 5 土层竖向位移云图和监测点位移曲线

（a）土层竖向位移云图；（b）各监测点竖向位移曲线

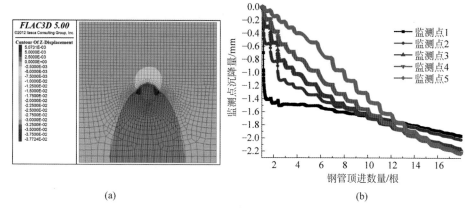

(a)   (b)

图 4-37   工况 6 土层竖向位移云图和监测点位移曲线

（a）土层竖向位移云图；（b）各监测点竖向位移曲线

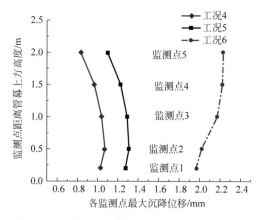

图 4-38   工况 4～工况 6 监测点竖向位移曲线

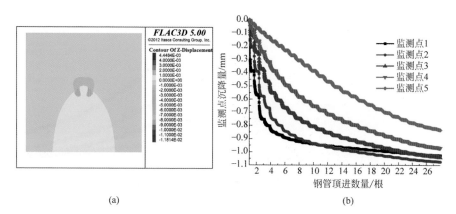

(a)   (b)

图 4-39   工况 7 土层竖向位移云图和监测点位移曲线

（a）土层竖向位移云图；（b）各监测点竖向位移曲线

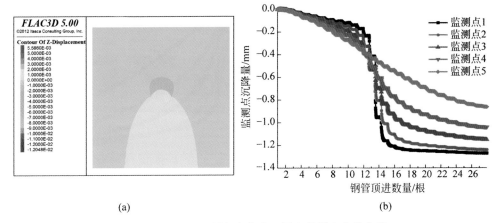

(a)　　　　　　　　　　　　　　　　　　　　(b)

图 4-40　工况 8 土层竖向位移云图和监测点位移曲线

（a）土层竖向位移云图；（b）各监测点竖向位移曲线

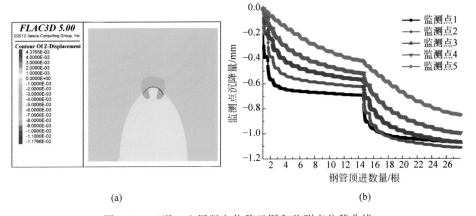

(a)　　　　　　　　　　　　　　　　　　　　(b)

图 4-41　工况 9 土层竖向位移云图和监测点位移曲线

（a）土层竖向位移云图；（b）各监测点竖向位移曲线

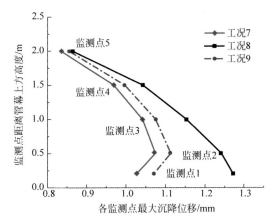

图 4-42　工况 7～工况 9 监测点竖向位移曲线

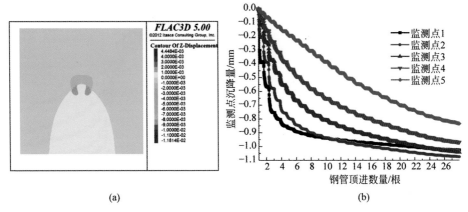

(a)   (b)

图 4-43　工况 10 土层竖向位移云图和监测点位移曲线

（a）土层竖向位移云图；（b）各监测点竖向位移曲线

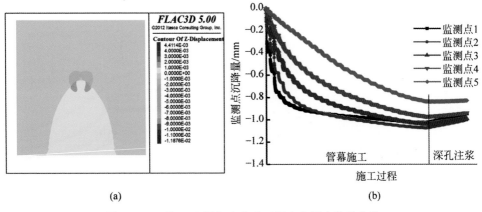

(a)   (b)

图 4-44　工况 11 土层竖向位移云图和监测点位移曲线

（a）土层竖向位移云图；（b）各监测点竖向位移曲线

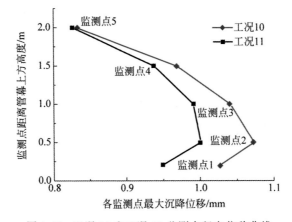

图 4-45　工况 10 和工况 11 监测点竖向位移曲线

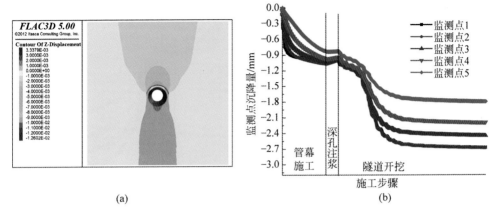

(a)　　　　　　　　　　　　　　　　　　(b)

图 4-46　工况 12 土层竖向位移云图和监测点位移曲线

（a）土层竖向位移云图；（b）各监测点竖向位移曲线

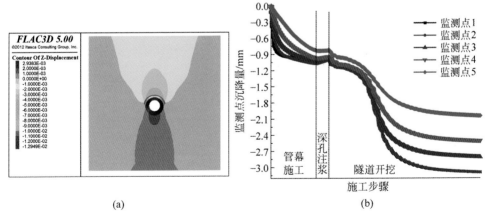

(a)　　　　　　　　　　　　　　　　　　(b)

图 4-47　工况 13 土层竖向位移云图和监测点位移曲线

（a）土层竖向位移云图；（b）各监测点竖向位移曲线

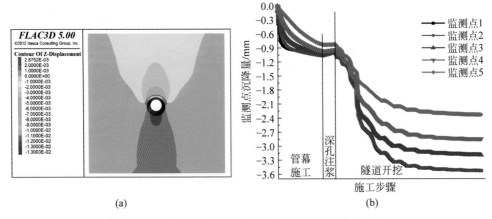

(a)
(b)

图 4-48　工况 14 土层竖向位移云图和监测点位移曲线

(a) 土层竖向位移云图；(b) 各监测点竖向位移曲线

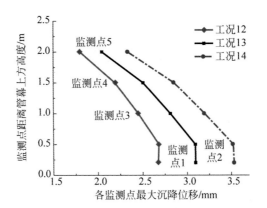

图 4-49　工况 12～工况 14 监测点竖向位移曲线

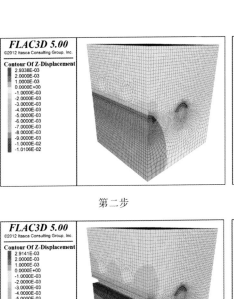

第二步

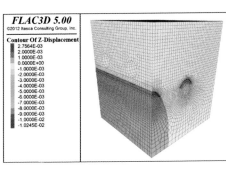

第三步

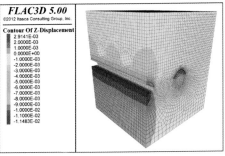

第四步

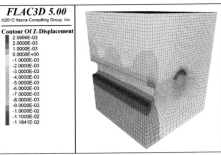

第五步

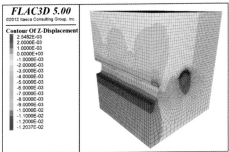

第六步

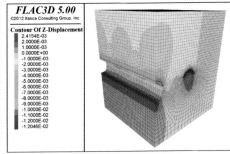

第七步

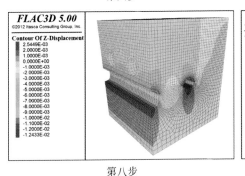

第八步

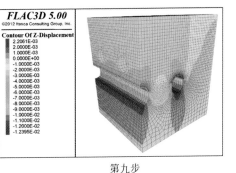

第九步

图 4-57　纵截面 1—1 土层竖向位移云图

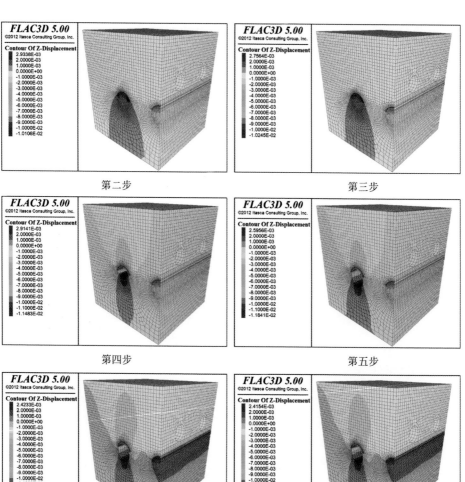

第二步 第三步

第四步 第五步

第六步 第七步

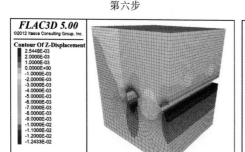
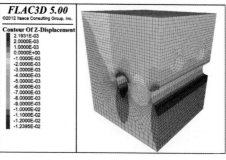

第八步 第九步

图 4-58 纵截面 2—2 土层竖向位移云图

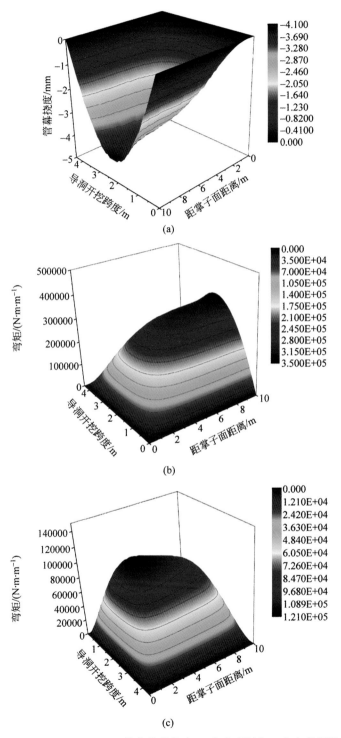

图 5-14 导洞开挖 10m，管幕整体挠度、x 方向弯矩和 y 方向弯矩图

（a）管幕整体挠度图；（b）管幕 x 方向弯矩图；（c）管幕 y 方向弯矩图

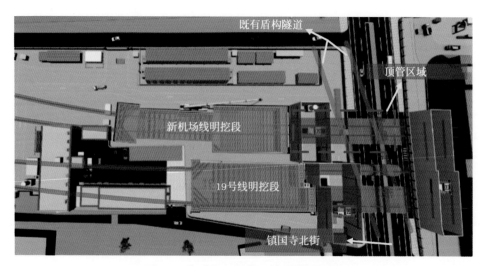

图 6-1 新建新机场线区间线路平面图

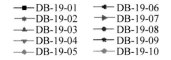

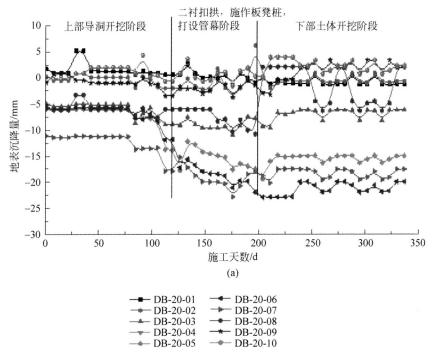

(a)

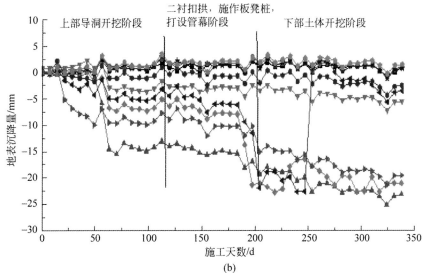

(b)

图 6-13 地表沉降历程曲线图

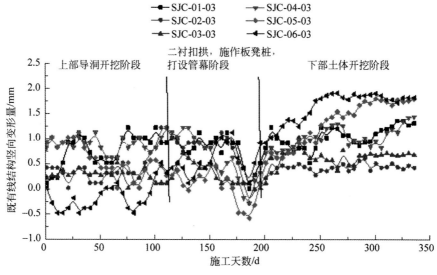

图 6-15　南线隧道人工监测数据

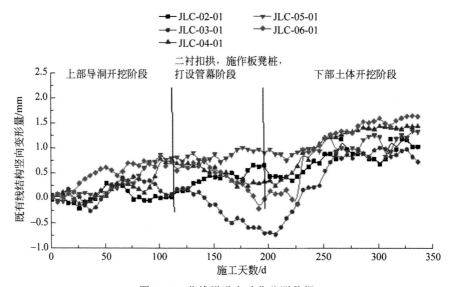

图 6-16　北线隧道自动化监测数据

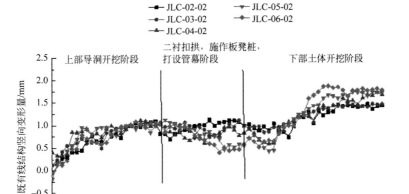

图 6-17　南线隧道自动化监测数据

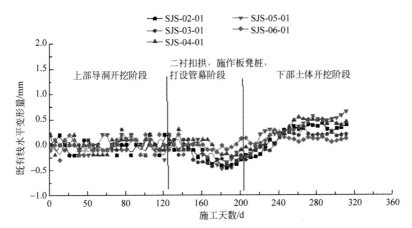

图 6-18　北线隧道结构水平位移图

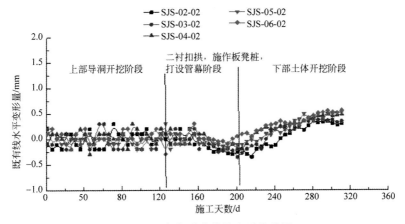

图 6-19　南线隧道结构水平位移图

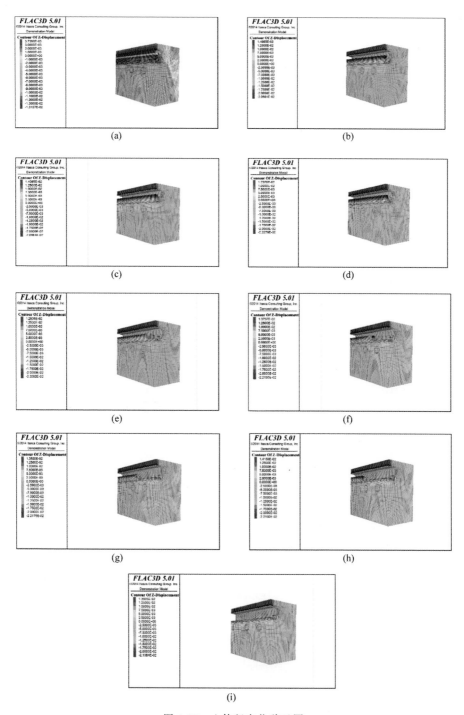

图 6-27　土体竖向位移云图

（a）第 3 步；（b）第 4 步；（c）第 5 步；（d）第 6 步；（e）第 7-1 步；

（f）第 7-2 步；（g）第 7-3 步；（h）第 7-4 步；（i）第 7-5 步

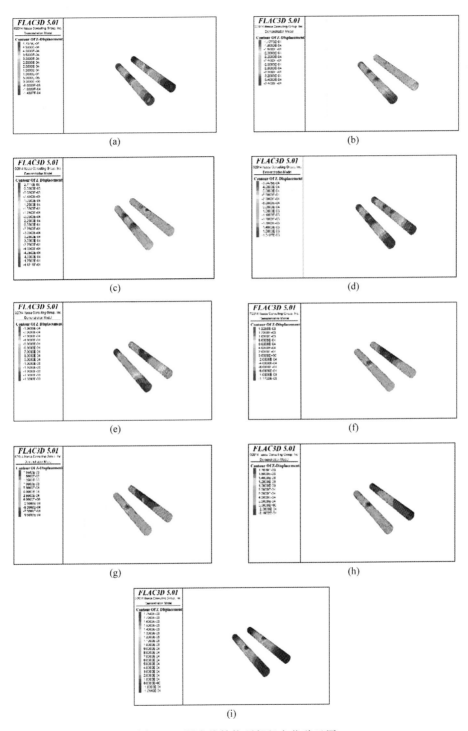

图 6-30 既有线结构顶部竖向位移云图

（a）第 3 步；（b）第 4 步；（c）第 5 步；（d）第 6 步；（e）第 7-1 步；（f）第 7-2 步；

（g）第 7-3 步；（h）第 7-4 步；（i）第 7-5 步

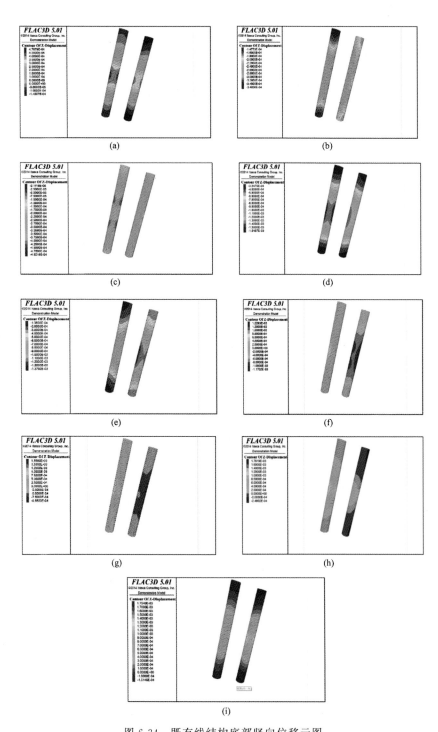

图 6-34　既有线结构底部竖向位移云图

(a) 第 3 步；(b) 第 4 步；(c) 第 5 步；(d) 第 6 步；(e) 第 7-1 步；(f) 第 7-2 步；

(g) 第 7-3 步；(h) 第 7-4 步；(i) 第 7-5 步

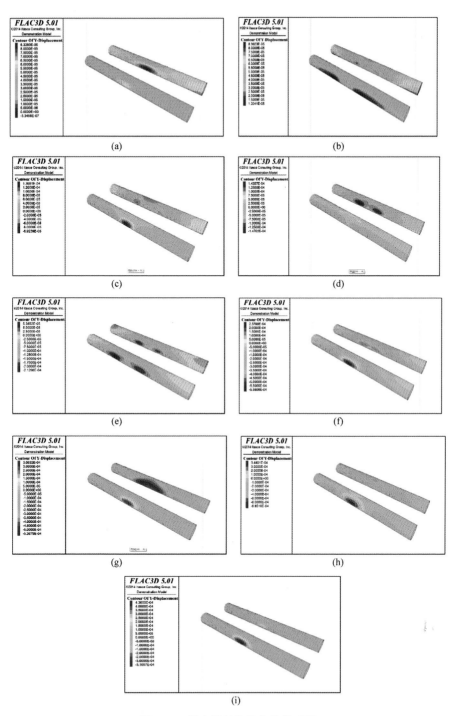

图 6-37　既有线结构径向收敛云图

（a）第 3 步；（b）第 4 步；（c）第 5 步；（d）第 6 步；（e）第 7-1 步；（f）第 7-2 步；

（g）第 7-3 步；（h）第 7-4 步；（i）第 7-5 步

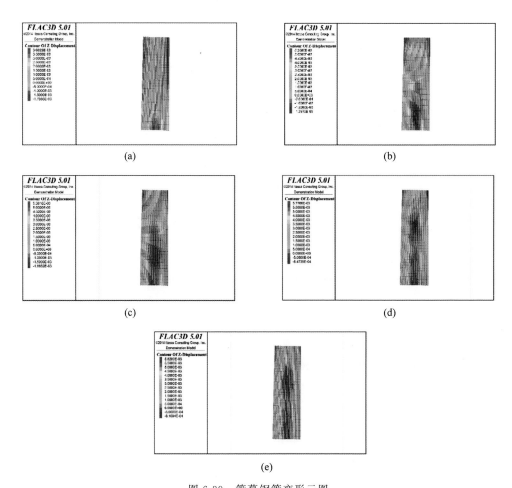

图 6-39　管幕钢管变形云图

（a）第 7-1 步；（b）第 7-2 步；（c）第 7-3 步；（d）第 7-4 步；（e）第 7-5 步

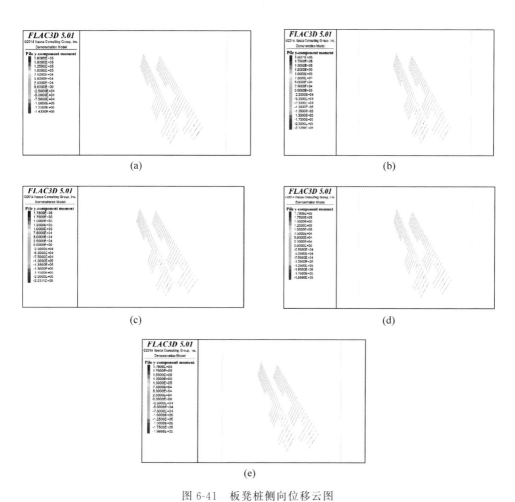

图 6-41 板凳桩侧向位移云图

（a）第 7-1 步；（b）第 7-2 步；（c）第 7-3 步；（d）第 7-4 步；（e）第 7-5 步

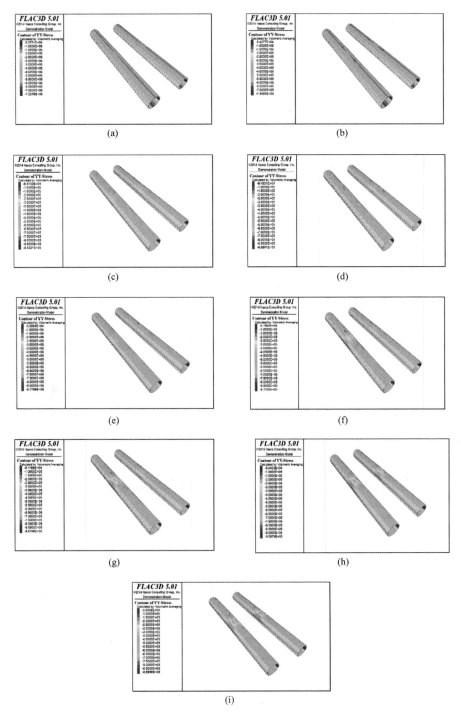

图 6-42　既有线结构 x 轴向应力云图

(a) 第 3 步；(b) 第 4 步；(c) 第 5 步；(d) 第 6 步；(e) 第 7-1 步；(f) 第 7-2 步；

(g) 第 7-3 步；(h) 第 7-4 步；(i) 第 7-5 步

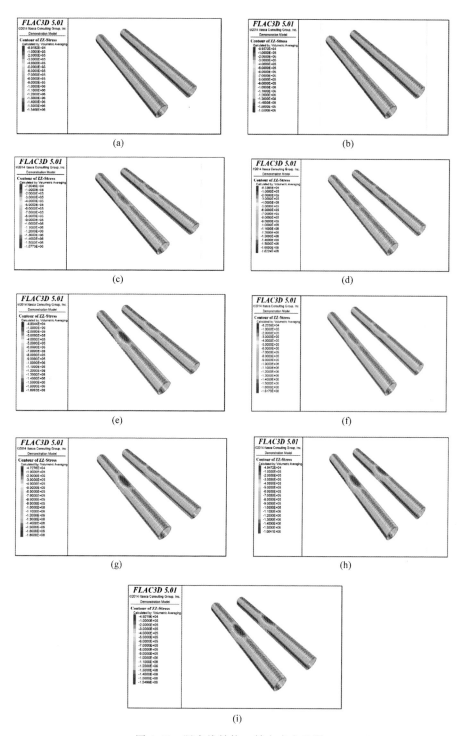

图 6-45　既有线结构 z 轴向应力云图

(a) 第 3 步；(b) 第 4 步；(c) 第 5 步；(d) 第 6 步；(e) 第 7-1 步；(f) 第 7-2 步；

(g) 第 7-3 步；(h) 第 7-4 步；(i) 第 7-5 步

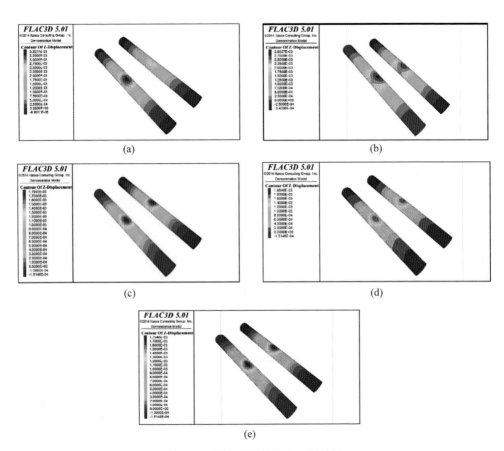

图 6-47　既有线结构竖向变形云图

(a) 工况 1；(b) 工况 2；(c) 工况 3；(d) 工况 4；(e) 标准工况